普通高等教育"十二五"规划教材·油气储运工程专业

油气储运工程实验

李小艳 主 编

中国石化出版社

内 容 提 要

本书根据油气储运工程专业实验教学的要求，以培养理论联系实际的能力、分析解决相关工程问题的能力、提高科学实验的技能为目的，结合油气储运生产实际，综合《储运油料学》、《油库设计与管理》、《输油管道设计与管理》、《油气集输》、《腐蚀与防腐》、《燃气输配》等多门专业课程，编写了原油及其产品物性测量、燃气物性测量、油品储运工艺相关实验及燃气输配工艺相关实验4章，共24个实验项目，教育中可根据课程需要及实验学时数进行了选择。

本书可作为普通高等院校油气储运工程、石油工程技术、石油化工等相关专业的实验教材，也可供从事油料储运、科研、应用等工作的人员参考。

图书在版编目(CIP)数据

油气储运工程实验/李小艳主编. —北京：中国石化出版社，2014.8
普通高等教育"十二五"规划教材
ISBN 978 - 7 - 5114 - 2929 - 2

Ⅰ. ①油… Ⅱ. ①李… Ⅲ. ①石油与天然气储运 - 实验 - 高等学校 - 教材 Ⅳ. ①TE8 - 33

中国版本图书馆 CIP 数据核字(2014)第 160619 号

中国石化出版社出版发行

地址：北京市东城区安定门外大街 58 号
邮编：100011　电话：(010)84271850
读者服务部电话：(010)84289974
http://www.sinopec-press.com
E-mail：press@sinopec.com
北京富泰印刷有限责任公司印刷
全国各地新华书店经销

*

787×1092 毫米　16 开本　7.25 印张　160 千字
2014 年 8 月第 1 版　2014 年 8 月第 1 次印刷
定价：19.00 元

前 言

PREFACE

　　本书根据油气储运工程专业实验教学的要求，以培养理论联系实际的能力、分析解决相关工程问题的能力、提高科学实验的技能为目的，结合油气储运生产实际，综合《储运油料学》、《油库设计与管理》、《输油管道设计与管理》、《油气集输》、《腐蚀与防腐》、《燃气输配》等多门专业课程，编写了原油及其产品物性测量、燃气物性测量、油品储运工艺相关实验及燃气输配工艺相关实验4章，共24个实验项目，教学中可根据课程需要及实验学时数进行选择。

　　可作为普通高等院校油气储运工程、石油工程技术、石油化工等相关专业的实验教材，也可供从事油料储运、科研、应用等工作的人员参考。

　　本书在原有零散实验讲义的基础上，结合专业发展和实验室建设情况，通过查阅相关教材以及部分油气储运行业标准和手册，参考国内部分高校相关专业实验指导书的内容，在伍丽娟、顾晓婷、张瑞、张引弟等多位老师的参与下编写完成的，还要特别感谢宋建平和程远鹏老师给予本书的帮助和支持。由于作者水平有限，加之时间仓促，书中缺点和错误在所难免，望使用和参考中给予批评指正。

目 录
CONTENTS

第1章　原油及其产品物性测量实验

原油及其产品的物性主要包括密度、凝点(倾点)、黏度(表观黏度)、流变性、蒸汽压、闪点、燃点、冷滤点、腐蚀性等，反映了其组成和结构特点，以及流动性、可燃性能等重要特征。它们是评价油品质量、分析油品性能的重要指标，是原油及其产品在生产、运输、储存、加工等各过程中的重要控制指标，也是原油加工装置、输送管道、储油库设计的基本依据。因此，为了储运系统的正常运作，作为油品储运从业者，必须掌握油品性质的相关知识和测试分析的基本技能。

由于原油及其产品属于复杂混合物，组成不定，某一物性实质反映的是组成它们的各种烃类或非烃类化合物的性质在某一方面的综合表现。因此，为了使不同油品的某一物性便于表征、比较和对照，油品物性往往采用一些条件性实验方法来确定，即采用规定的仪器，在规定条件、方法和步骤下进行测试，并由此衍生了一系列的实验方法标准，如国际标准(ISO)、国家标准(GB)、行业标准(SH、SY)及企业标准(QB)等，这些标准在不同范围内均具有法规性，并互相建立对应的换算关系，便于使用。本章将以上述标准为基础，结合油气储运专业特点，重点介绍在储运工作中常用的几类油品物性及其测量方法。

1.1　油品密度测量

油品密度是油品最普遍的特性，是一个最基本的质量指标，它可以和其他性质综合在一起大致判断石油的组成，它也是目前储运计量中的一个重要性质。单位体积内所含油品的质量，称为油品密度，用 ρ 表示，其单位为 g/cm³ 或 kg/m³。密度有视密度、标准密度、相对密度之分。

由于油品随温度变化而改变其体积，密度也随之发生变化，因此油品密度的测定结果必需注明测定温度，用 ρ_t 表示温度 $t℃$ 时油品的密度。我国规定油品 20℃ 时的密度作为石油产品的标准密度，表示为 ρ_{20}。

1.1.1　实验目的

(1)了解密度计法测量油品密度的方法及原理；
(2)实测几种常用油品的密度。

1.1.2　实验原理

油品密度的实验室测量有密度计法和比重瓶法。

密度计法以阿基米德定律为基础，当密度计沉入液体时，排开一部分液体，受到向上的浮力，当自重等于浮力时，密度计飘浮于液体石油产品中。

比重瓶法是根据密度的定义，测定比重瓶内油品的质量和容积的比值。在20℃时，先称量空比重瓶，再称量用蒸馏水充满至标线的比重瓶，求得瓶内水的质量——"水值"，再除以水的密度得到比重瓶的容积，然后将被测石油产品充满至标线求得其质量，由此即可求出油品的密度。

密度计法简单方便，一般用于生产现场和质量检验；比重瓶法精密度高，多用于科学研究中。本实验是采用密度计法来测定油品的密度。

将试油处理至合适的温度并转移到与试油温度大致一样的密度计量筒中。再把合适的密度计垂直地放入试油中并让其稳定，等其温度达到平衡状态后，读取密度计刻度的读数并记下试油的温度。在实验温度下测得的密度计读数，用《石油密度换算表》（见 GB/T 1885—1998）或者计算法换算到20℃时的密度。

1.1.3　实验装置

（1）石油密度计一盒：应使用符合《石油密度计技术条件》（SY 3301）规定的 SY - Ⅰ 型或 SY - Ⅱ 型石油密度计，或者《石油密度计技术条件》（SH/T 0316）规定的 SY - 02 型、SY - 05 或 SY - 10 型石油密度计。各支石油密度计的规格性能见表 1 - 1。

表 1 - 1　石油密度计的规格性能及读数

标准	系列	测量范围/(g/cm^3)	支数	分度值/(g/cm^3)	最大刻度误差/(g/cm^3)	读数及修正/(g/cm^3)	
						读数	修正值
SH/T 0316	SY - 02	0.60 ~ 1.10	25	0.0002	±0.0002	透明：下弯月面直接读数 不透明：上弯月面直接读数	+0.0003
	SY - 05		10	0.0005	±0.0003		+0.0007
	SY - 10		10	0.001	±0.0006		+0.0014
SY 3301	SY - Ⅰ	0.65 ~ 1.01	9	0.0005	±0.0005	上弯月面直接读数	
	SY - Ⅱ		6	0.001	±0.001		

（2）玻璃量筒：内径不少于40mm，高度不少于300mm。

（3）温度计：0 ~ 50℃，分度值为0.1℃。

（4）恒温浴：当试油性质要求在高于或低于室温下测定时，应使用恒温浴，使试油温度变化稳定在 ±0.25℃ 以内，以避免温度变化过大而影响测定结果。

1.1.4　实验步骤

（1）熟悉装置，掌握工作原理、实验过程和各项操作要点。

（2）选用适当密度范围的石油密度计。

（3）将试油小心地沿量筒壁倾入量筒中，量筒应放在没有气流的地方，并保持平稳，以免生成气泡。当试油表面有气泡聚集时，可用一片清洁滤纸除去气泡。

（4）将选好的清洁、干燥的密度计小心地放入试油中，注意液面以上的密度计杆管浸湿不得超过两个最小分度值，因为杆体上多余的液体会影响读数。

注意：对低黏度试油，放开密度计时要轻轻地转动一下，以帮助它在离开石油密度计量筒壁的地方静止下来自由地漂浮，应有充分的时间让石油密度计静止；对高黏度的试油，让全部空气泡升到表面，除去气泡，并应等待足够长的时间，使石油密度计静止，达到平衡。

（5）待密度计稳定后，根据所选密度计的系列，按照表 1 - 1 中的方法进行读数和修正，并记录数据。必须注意密度计不应与量筒壁接触。当采用 SY - Ⅰ 型密度计读数时，眼睛要与弯月面的上缘成水平线进行读数，当采用 SY - 02 型、SY - 05 型密度计读数时，对于透明液体眼睛要与弯月面的下缘成水平线进行读数；而对于不透明的液体眼睛要与弯月面的上缘成水平线进行读数，并按规定进行数值修正。

（6）将温度计小心地放入试油中，测量试样的温度，注意温度计水银线要保持全浸，切勿使水银球触碰到量筒的边壁或底部。待稳定后读取温度值。

（7）将石油密度计稍稍提起，再轻轻放入试油中，待石油密度计静止后，立即用温度计小心地搅拌试油，注意温度计水银线要保持全浸。再读取并记录视密度和试油温度。两次视密度数值相差和两次试油温度之差应符合精密度要求，即要保证两次视密度差值在 0.0005g/mL（SY - Ⅰ 型、SY - 05 型为例）或 0.0002g/mL（SY - 02 型为例）以内，两次温度之差在 0.5℃ 以内，否则重新测试。

（8）用同样的方法，测定并记录其他试油的视密度和试验温度。

（9）检查实验结果，待数据合理、正确后，结束实验，清理物品，恢复现场。

1.1.5 注意事项

（1）密度计选用时，首先应估计所测油品的密度值，选用预先擦拭干净的合适范围的密度计，并且要从小到大选用。

（2）在取用密度计时，为了尽量减少手指对密度计的污染，以及避免密度计上端细小部分折断，应先用一只手中指将密度计下端（粗端）轻轻拨向上方，使密度计上端（细端）离开盒内槽位，然后用另一只手轻轻拿住密度计上端，扶正，慢慢提起。严禁横拿。

（3）将密度计垂直浸入量筒的试油中时，应轻轻放入，直到密度计下端全部进入试油中，或手感到有点浮力后才可放手，以免因密度计选择不当，突然沉底而碰破。需使密度计自由漂浮在量筒中心。

（4）用过的密度计或温度计，应轻轻提起、待试油不再滴落时垂直浸入洗涤汽油中洗去试油，并且用轻汽油或石油醚自上而下淋洗一遍或者擦拭干净后，放回盒中。

（5）擦拭密度计时，应先一只手轻轻提起上端，再用另一只手轻轻拿住下端进行擦拭。

（6）对中挥发性但黏稠的试油（如原油），应当在加热到试油具有足够流动性的最低温度下测定。使用恒温浴时，其液面要高于密度计量筒中试油的液面。

1.1.6 实验数据记录及处理

（1）请将实验测量数据记录在表 1 - 2 内。

（2）根据所测温度下的视密度数值，查 GB/T 1885 中的视密度换算表，并采用比例内插法求得 20℃ 的密度，或查出温度系数 γ，再由式（1 - 1）算出标准密度 ρ_{20}。

（3）数据处理要求

测定两次的结果之差不大于 0.0005g/cm³，取两次测定结果的平均值作为最终的测定结果。

表1-2 油品密度测量实验数据记录表

石油密度计的规格型号：_____；量筒规格：_____mL；
温度计的测温范围：_____℃；最小刻度：_____℃；室温：_____℃。

试油名称		汽油	煤油	柴油
特征（状态、颜色、气味等）				
第一次	试油体积/mL			
	视密度 ρ_t/（g/cm³）			
	试油温度/℃			
第二次	试油体积/mL			
	视密度 ρ_t/（g/cm³）			
	试油温度/℃			

$$\rho_{20} = \rho_t + \gamma(t - 20) \qquad (1-1)$$

式中　ρ_{20}——液体石油产品20℃时的密度，kg/m³；

　　　ρ_t——液体石油产品 t℃时的密度，kg/m³；

　　　γ——液体石油产品密度温度系数，（kg/m³）/℃；

　　　t——测定温度，℃。

1.1.7　思考题

（1）测定油品的密度对生产和应用有何意义？

（2）如何测定黏稠石油产品的密度？

（3）用密度计来测定油品密度时，应遵循哪些原则？

（4）如何正确选用和取放密度计？测量时应如何正确读取密度计的数值？

1.2　油品凝点的测量

油品凝点是指在规定的实验条件下，被测油品刚刚失去流动性时的最高温度。

油品凝点的高低主要和馏分的轻重、化学组成有关。一般来说，馏分轻则凝点低，馏分重则凝点高。对于含蜡油品来说，凝点可作为估计石蜡含量的间接指标，油品含蜡量越多则凝点越高。凝点还可以作为一些油品的牌号，如冷冻机油、变压器油、轻柴油等，以作为低温选用油品的依据，保证油品正常运输、机器正常运转。

油品的凝点是原油、石油产品的一个非常重要的质量指标，它反映了油品的低温使用性能和低温流动性，直接影响油料的输送、储存和使用条件。测定油品的凝点有如下的意义：①估计石蜡含量。对于含蜡油品来说，凝点在某种程度上作为估计石蜡含量的指标。油品中石蜡含量越多，越易凝固，凝点就越高。如在油品中加入0.1%的石蜡，凝点约升高9.5～13℃；如从油品中除去部分石蜡，则凝点可降低。②判断使用温度。柴油的牌号是以凝点表示的。如：0号柴油，即其凝点不高于0℃。根据环境温度选用适当牌号的柴油时，应保证凝点低于环境温度 5~7℃，但有预热设备时，也可不受凝点的限制。柴油凝点和浊点指标应因地制宜，按使用地区的环境规定，我国夏季都可用 0 号和 10 号柴油，冬季南方用 0 号和 −10 号，北方用 −10 号、−20 号、−35 号或 −50 号。一般润滑油在凝点前 5~10℃时黏度已显著增大，所以润滑油的使用温度必须比凝点高 6~10℃，否则启动时会产生干摩擦。③通过凝点的测定，可以判断油品的低温使用性能及提出改进油品低温流动性的措施（如深度脱蜡、添加改进剂等）。

本实验采用《石油产品凝点测定法》（GB/T 510）来测定柴油的凝点。

1.2.1　实验目的

（1）掌握油品凝点的测量方法；
（2）测定一种油品的凝点。

1.2.2　实验原理

将试油装入规定的试管中，通过指定设备进行冷却，观察试油的颜色、透明度、流动性等变化情况，来判断和确定试油的凝点。将试管倾斜 45°一分钟，试管内液面不流动时的最高温度定为试油的凝点。

1.2.3　实验装置

（1）石油产品凝固点测定器：采用全封闭式压缩机制冷（环保制冷剂，制冷速度快），使用微电脑控制器，有 PID 功能，数字显示温度（测试时连续显示）；控温精度为室温 ~ −(40 ± 0.1)℃，工作单元采用双孔独立操作。

图 1 − 1　石油产品凝固点测定器

（2）标准试管（带有环形刻线）和相应套管。
（3）水银温度计：−30~80℃，−60~80℃，0~100℃的全浸式凝点温度计。
（4）恒温水浴：0~80℃，可温控。
（5）工业酒精、无水乙醇、0 号/−10 号柴油、软木塞等。

1.2.4　实验步骤

（1）熟悉装置，了解测量原理和过程，掌握测量设备和实验器械的操作和使用方法。

（2）检查石油产品凝固点测定器，打开电源并确认设备正常启动，设定工作温度，开机降温。

（3）先将试油经静置、脱水、过滤，注入到干燥、清洁的试管中，使液面满到环形标线处。用软木塞将温度计固定在试管中央，使水银球距管底 8~10mm。

（4）将装有试油和温度计的试管，垂直地浸在 $(50±1)$℃的水浴中，直至试油的温度达到 $(50±1)$℃为止。

（5）从水浴中取出装有试油和温度计的试管，擦干外壁，将试管牢固地装在预先放有少许无水乙醇的套管中，垂直地固定在支架上，在室温冷却到 $(35±5)$℃为止。然后将这套仪器放入凝点测定器中。观察此时的测定器温度、试油温度以及试油性状，并做好记录。

（6）继续冷却，从第一次观察温度开始，每降低 3℃，都应将试管从套管中取出，尽量倾斜（但不能摇动或搅动试油），观察试油是否透明、出现混浊、出现结晶、能否流动等现象，记录实验数据，放回试管。从取出试管到放回套管中的全部操作不应超过 3s。

（7）当试管倾斜而试油不流动时，立刻将试管置于水平状态 5s，观察试油表面是否移动。记录实验现象。

（8）当试油达到倾点* 以后，继续冷却，降低 3℃后，将浸没在冷却剂中的试管倾斜45°，并将这样的倾斜状态保持 1min，然后，从冷却剂中小心取出试管，迅速地用工业乙醇擦拭套管外壁，垂直放置观察试管里面的液体是否有过移动的迹象。

（9）①当液面位置有移动时，从套管中取出试管，将试管重新预热至试油达 $(50±1)$℃，然后用比上次试验温度低 4℃或其他更低的温度重新进行测定，直至某试验温度能使液面位置停止移动为止。

②当液面的位置没有移动时，从套管中取出试管，将试管重新预热至试油达 $(50±1)$℃，然后用比上次试验温度高 4℃或其他更高的温度重新进行测定，直到某试验温度能使液面位置有了移动为止。

（10）找出凝点的温度范围（液面位置从移动到不移动或从不移动到移动的温度范围）之后，就采用比移动的温度低 2℃，或采用比不移动的温度高 2℃，重新进行试验。如此重复试验，直至确定某试验温度能使试油的液面停留不动而提高 2℃又能使液面移动时，就取使液面不动的温度，作为试油的凝点。

（11）进行重复测定。第二次测定时的开始试验温度，要比第一次所测出的凝点高 2℃。

（12）凝点测出后，再继续降低温度 5~10℃，使试油完全凝固，然后从冷浴中取出装样试管放在空气中缓慢冷却，观察实验现象并记录试油从凝固状态到开始融化、能够流动和结晶完全消失的最低温度和状态变化。

（13）结束实验，仪器复位，清理物品，恢复现场。

1.2.5　实验数据记录

请将实验测量的数据记录在表 1-3 内。

注：* 倾点是指油品在规定的试验条件下，被冷却的试样能够流动的最低温度。

表1-3 油品凝点测量实验数据记录表

实验设备名称：_____；型号：_____；仪器编号：_____；

试油名称：_____；室温：_____℃。

序　号	冷却器温度/℃	试油温度/℃	试油性状		
			颜色	透明程度	流动情况
1					
2					
3					
4					
5					
6					
7					
8					
9					
10					

1.2.6 思考题

(1)什么是油品的凝点？

(2)柴油有哪些主要性能指标？我国轻柴油的牌号是如何划分的，共有几种牌号？

(3)试述凝点对油品质量的影响。

1.3 流变仪演示实验

随着社会的发展，生产和生活中需要各类流变性质不同的物料。为了测定物料的流变性质，制造和发展了各类流变仪，各类流变仪的结构都是促使物料作简单的剪切运动，以求得力与流动(变形)的相互响应。

1.3.1 实验目的

(1)认识各类流变仪的结构和特点；

(2)加深理解各类流变仪的测量原理。

1.3.2 实验仪器

(1)旋转式流变仪

①同轴圆筒旋转流变仪：这种流变仪的使用最为广泛，它又可分为外筒旋转内筒固定的Couteet型和内筒旋转外筒固定的Searle型，一般Couette型用于测量低黏度流体。Searle型比较容易控制测定温度，但需控制旋转速度，避免测低黏度液体时形成紊流。我国目前常用的Rheotest-2和Rheomat135都是Searle型的，Rotoviseo-RV100是Couette型的。

②锥板旋转流变仪：有锥旋或是板旋转之分，这种仪器适用于测量呈现非牛顿性质的、

比较贵重的物料，它所用试油量很少。我国目前尚未用于原油流变性的测量。

③便携式流变仪：这种流变仪适用于现场的快速测量，但测量精度较低，如 Brookfield 系列、Rheomat - 108。Rheomat - 108 不仅能直接读出物料的黏度值，还可显示物料的温度、选用的剪速档和对应的扭矩值。

旋转式流变仪都是以使被测物料形成层流为基础，建立剪切应力和剪切速率的相互关系。直接测量量是旋转角速度和扭矩，推求出对应的剪切率和剪切应力值，从而确定剪切率和剪切应力的相互关系。

(2)管式流变仪：是一种有效的测黏仪器，根据用途和测量范围的需要，制造出各种类型的管式黏度计。如玻璃毛细管黏度计，适用于测量牛顿液体的黏度；Hallikainen 变压毛细管流变仪、TR - 1 枪式流变仪等可测非牛顿物料的流变性。我国多用自制的小型管路模型来测量研究非牛顿原油的流变性。它们都是以使物料在圆形管道中形成稳定的层流为基础的。直接测量量是压力和流量，推求出剪切应力和剪切率值，从而确定剪切应力与剪切率的相互关系。

(3)落球黏度计：是一种使用方便、测量精度较高、适用于测透明物料黏度的黏度计，它以特制的小球在被测物料中稳定地自由下落为基础。直接测量量是小球下落固定距离所需的时间，再推算出物料的动力黏度。

1.3.3　实验内容

由教师进行讲解及演示操作。

本次实验演示的流变仪是 LVDV - Ⅲ + 型流变仪。具体内容如下：

(1)仪器简介，包括测量原理、功能、组成、操作说明及注意事项等(附录一)；

(2)演示仪器的操作步骤。

1.4　含蜡原油流变性测量

原油是一种多组分烃类的复杂混合物。高温下蜡晶被溶解，沥青质高度分散，原油可视为假均匀流体，表现出牛顿流体特性；随着温度的降低、蜡晶的析出和长大，原油成为一种以液态烃为连续相、蜡颗粒和沥青质为分散相的细分散悬浮液，表现出非牛顿流体特性；油温更低时，蜡油连成网络，出现屈服现象，表现出更复杂的非牛顿流体特性。非牛顿原油的流变特性与热历史、剪切历史有关。用的实验方式测定特定条件下原油的流变性，是安全、经济地储存和运输原油的重要基础工作。

1.4.1　实验目的

(1)掌握仪器的使用方法和原油流变性的测定方法；

(2)验证在一定温度条件下原油的流变特性；

(3)学会对实验结果的分析与处理方法。

1.4.2　仪器介绍和测量原理

本实验使用的是 LVDV - Ⅲ + 流变仪(为同轴圆筒旋转流变仪)，内筒旋转外筒固定，其控制面板介绍、操作说明等使用方法见附录一。

1.4.3　实验准备工作

在开采和储运原油的过程中，由于层位变迁及经历集、储、运等环节，使原油的组成及历史"记忆"效应会因取样方法和地点而不同，其流变特性会有所差异。因此需要选择合适的取样点，采取正确的方法，取得代表性油样，密封装桶运到实验室。之后预热、搅拌，装到大的容器内；再搅拌均匀，分装到较小的磨口瓶内（100mL），密封保存。为了消除剪切历史的影响，需要对油样进行预处理。具体方法：将已分装好的油样，放入水浴内，静置加热50℃，恒温约2h；然后静置，自然冷却至室温，并存放在低温阴凉处，存放48h以上，得到有相同基础的标准油样。然后根据测量需要，制定相应的实验方案。

典型的实验方案如图1-2所示：

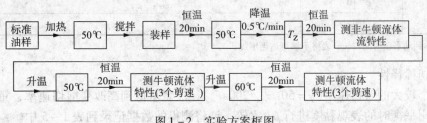

图1-2　实验方案框图

1.4.4　实验内容及方法

（1）测定某条件下原油的非牛顿流体特性

大量实验证明，当油温处于凝点 T_z 和 $T_z + 10℃$ 之间时，原油呈现非牛顿流体特性：屈服现象；触变性；剪切稀释性。此条件下的原油没有确定的动力黏度值，其流变性不仅取决于温度，而且与剪切时间、剪切速度和剪切"历史"有关，要求实验验证上述非牛顿现象。

测定方法：

调节恒温水浴并加热油样至所需温度（50℃）；装配好旋转黏度计的圆筒系统，调节恒温水浴，接通循环水预热圆筒系统至装油温度；装油（按选用的内外圆筒系统确定装油量）；按 $0.5 \sim 1/(\text{min} \cdot ℃)$ 的降温速度降至测量温度（试油凝点以上附近），并恒温20min。然后进行如下的流变测量。

①测屈服值

选剪切率 $\gamma = 5\text{s}^{-1}$，开始测试和计时，读出最大读数（即屈服值）τ_y（单位：dyn/cm^2）及其对应的表观黏度 μ_{ap}（单位：cP）和发生屈服的时间 t（单位：min）。

②触变性

在上述 γ 下继续剪切，从开始计时后每隔30s读一个数，读至2min；然后每隔1min读数，读至6min；然后每隔2min读数，直至平衡（即两个读数基本相同）。据此数据画出剪切应力 τ、μ（平衡时的表现黏度 μ_{ap}）随时间 t 变化的曲线。请将测得的数据记录到表1-4内。

表 1-4　触变性测量数据记录表

剪切率/s^{-1}	时间 t/min	剪切应力/(dyn/cm^2)	动平衡态下表观黏度/cP
5	0.5		
	1		
	1.5		
	2		
	3		
	4		
	5		
	6		
	8		
	10		
	屈服时间		

注：若达到动平衡时间较长，表格不够可适当增加。

③剪切稀释性

换两个较大的剪切速率($\gamma = 50s^{-1}$，$200s^{-1}$)，注意从低到高改变剪切速率，重复以上步骤。再利用平衡时的表观黏度进行 μ_{ap} 比较。请将测得的数据记录到表 1-5 中。

表 1-5　剪切稀释性测量数据记录表

剪切率/s^{-1}	达动平衡态时间/min	剪切应力/(dyn/cm^2)	动平衡态下表观黏度/cP
5			
50			
200			

(2)测定牛顿流体黏度及黏温特性

大量实验证明，当油温高于凝点 $T_z + 10℃$ 以上时，原油呈现牛顿流体特性。因此要求在指定温度下验证，原油的流变性符合流变方程 $\tau = \mu\gamma$，μ 仅仅是温度的单值函数，并确定 μ 值。一般牛顿流体的黏度只与测量温度有关，根据所测数据绘出该流体的黏温曲线。

测定方法：

在上述非牛顿流体实验完毕后，加热至 50℃，恒温 20min，测量黏度及剪切应力(或者利用 Brookfield 流变仪直接将试油加热至 50℃)。选定 3~5 个剪速，每个剪速测量 3 个读数(间隔 1min)，观察是否还具有非牛顿流变性(屈服性、触变性、剪切稀释性)。求每个档的黏度平均值。再分别加热至 55℃、60℃……(以此类推选定 3~5 个加热温度)重复测量。将测量结果分别记录到表 1-6 和表 1-7 内。

1.4.5　实验报告要求

(1)验证在实验条件下非牛顿流体特性原油已具有屈服性、触变性、剪切稀释性。用图表表示测量结果并分析讨论。

(2)验证牛顿流体的黏度与剪切速率和剪切历史没有关系，服从牛顿内摩擦定律，并且

求得的动力黏度 μ 与各剪速测得的 μ_i 的相对误差在 3% 以内。根据表 1-7 中记录的数据绘制平衡态表观黏度-温度曲线。

表 1-6 表观黏度测量数据记录表

序号	温度/℃	转速/(r/min)	剪切应力/(dyn/cm²)	剪切率/s⁻¹	平衡态表观黏度/cP
1					
2					
3					
4					
5					

表 1-7 黏度-温度关系测量数据记录表

序号	温度/℃	转速/(r/min)	剪切应力/(dyn/cm²)	剪切率/s⁻¹	平衡态表观黏度/cP
1					
2					
3					
4					
5					

1.4.6　思考题

实验过程中为什么要由低到高改变剪切速率?

1.5　石油产品馏程测定法

在一定压力下加热液态纯物质时,其蒸气压随温度升高而增大,当蒸气压与外界压力达到相等时,液体开始沸腾,此时温度称为沸点。纯物质的沸点是压力的单值函数,如纯水在一个大气压,其沸点为 100℃,与测定方法无关。

但石油产品是一个多组分的混合物,其沸点表现为一个很宽的范围,这个范围就是石油产品的馏程。石油及其产品被加热蒸馏时,沸点较低的组分最先汽化馏出,此时的温度称为初馏点(IBP)。在不断加热的情况下,蒸出来组分的沸点由低逐渐升高,直到最高的组分被蒸馏出来为止,此时温度称为终馏点(EBP)。初馏点到终馏点代表油品的沸点范围,称为沸程或馏程。

馏程测定在生产和使用上有着极其重要的意义:①馏程测定是原油评价的重要内容,从所测石油馏分的收率和性质来确定原油最适宜的加工方案;②馏程测定也是评定油品蒸发性的重要指标,同时也是区分不同油品的重要指标之一;③馏程测定是炼油设计中必不可少的基础数据;④馏程是装置生产操作控制的依据;⑤馏程是判断燃料油使用性能的重要指标,根据馏程可判断其起动性能、燃烧性能、加速性能、积炭倾向和磨损情况等。

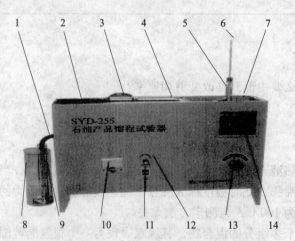

常用的蒸馏过程分为常压蒸馏、减压蒸馏和实沸点蒸馏。馏程的测定标准有：《石油产品馏程测定法》(GB 255—1977)、《石油产品常压蒸馏特性测定法》(GB/T 6536—2010)、《石油产品馏程测定装置技术条件》(SH/T 0121—1992)等。

不同的方法测得的油品沸程是有差别的，因而测定馏程时必须严格按照规定方法进行。本次实验采用 GB 255 来测定轻质石油产品的馏分组成。

1.5.1　实验目的

(1)加深对石油产品馏程的认识；

(2)掌握石油产品馏程的测定方法及原理；

(3)使用石油产品馏程试验器实测某种油品馏程。

1.5.2　实验装置

(1)实验装置组成

本次实验所采用的装置主要包括 SYD – 255 石油产品馏程试验器、秒表。

SYD – 255 石油产品馏程试验器是根据 GB 255、SH/T 0121 规定的要求设计制造的，适用于按 GB 255 标准规定的测定方法测定液体燃料、溶剂油和轻质石油产品的馏分组成。仪器的主要结构如图 1 – 3 所示。

图 1 – 3　石油产品馏程试验器

1—馏出口；2—箱体；3—冷凝槽盖；4—冷却水的排水口和进水口；
5—蒸馏烧瓶；6—温度计；7—电源插座；8—高型烧杯；
9—量筒及压铁；10—电压表；11—电源开关；
12—加热调节；13—升降调节旋钮；14—加热装置

(2)各组成部分的功能及要求

①馏出口：冷凝管的馏出口，馏出液从此口流入 10mL 量筒。

②箱体：内置冷凝槽。

③冷凝槽盖：不锈钢冷凝槽。

④冷却水的排水口和进水口：仪器的反面上端有一排水口，下部有一进水龙头。排水口

也是冷凝槽的溢出口，工作时须控制好冷却水的流量。（注：排水口和进水龙头需用户自行安装，注意安装时需用生料带缠好螺纹口后再拧上，防止漏水。安装好后要加水检查确保不漏水。）

⑤蒸馏烧瓶：置于加热装置的电炉内。

⑥温度计：0～360℃，分度1℃的玻璃管温度计，由硅胶塞和温度计档圈固定。

⑦电源插座：电源插座位于仪器的反面中部下端，插座本身下部装有保险丝。

⑧高型烧杯：内置100mL量筒及压铁，并放置需要的冷却水。

⑨量筒及压铁：100mL量筒用于接蒸馏液，压铁用于压住100mL量筒。

⑩电压表：指示电炉的加热功率。

⑪电源开关：本仪器的总电源开关，打开此开关，仪器接通工作电源。

⑫加热调节：加热调节旋钮，调节该旋钮，实现加热功率无级连续可调。

⑬升降调节旋钮：调节加热装置的上升或下降，使蒸馏烧瓶的支管(出口)恰好与冷凝管的上端(进口)对接。

⑭加热装置：1000W电炉。

1.5.3 实验步骤

(1)准备工作

①试油如果含水，实验前应先脱水。实验室中一般采用在试油中加入无水氯化钙，摇动10～15min，静置后把澄清部分经过干燥滤纸过滤，即可供实验之用。

②蒸馏前，用缠在金属丝上的软布或棉花擦试冷凝管内壁，以除去上次蒸馏时遗留的液体或空气中冷凝下来的水分。擦试方法是将金属丝上缠有布片的一端由冷凝管上端插入，当金属丝从冷凝管下端穿出时，将金属丝连同布片一起由下端拉出来。

③蒸馏汽油时，为保证油蒸气全部冷凝，冷凝器水槽中注入冷水浸没冷凝管，蒸馏时水温必须保持在0～5℃（需要时可在水槽中加入冰块）。

④在装试油前，蒸馏烧瓶必须洗净、干燥。如瓶底有少许积炭，对蒸馏没有影响，并能防止突沸，所以每次蒸馏后不必都把积炭除净。如积炭很厚，可用铬酸洗液或碱洗液洗涤除去，用过的蒸馏瓶先用轻汽油洗涤，再用空气吹干或烘干。

⑤测定试油温度如不在(20±3)℃范围内，应将试油放水浴，使其温度为(20±3)℃。

⑥用清洁干燥的的100mL量筒取(20±3)℃的试油100mL(体积按凹液面的下边缘计算)，试油在注入蒸馏烧瓶时，避免试油从蒸馏烧瓶支管中流失。

⑦向蒸馏烧瓶中放入数粒无釉碎瓷片或封口的玻璃毛细管，以免蒸馏时产生突沸(如烧瓶底部有少量积聚的焦炭，则不必加瓷片)。

⑧在蒸馏烧瓶口上紧密的硅胶塞上插有干净的温度计，使温度计与蒸馏烧瓶的轴心线相重合，并使水银球的上边缘与支管焊接处的下边缘在同一水平面，如图1-4所示。

⑨调节升降调节按钮，用硅胶塞使蒸馏烧瓶的支管与冷凝管的上端紧密相连接。支管插入冷凝管内长度为25～40mm，注意不要与冷凝管的内壁相接触。安装时注意切勿折断支管。

⑩在硅胶塞连接处用火棉胶封住，火棉胶涂得越薄越好，如仪器安装本身是紧密的，可不必封口，以免引起拆卸困难。

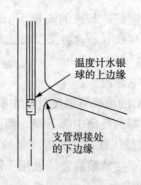

温度计水银
球的上边缘

支管焊接处
的下边缘

图 1 - 4　温度计插入位置

⑪量取试油的量筒不需经过干燥，安放在冷凝管出口下面，使冷凝管出口插入量筒不少于 25mm，也不低于 100mL 的标线。冷凝管下端不要接触量筒内壁，以便观察初馏的第一滴液体下落。量筒口要用棉花塞好，以减少轻组分的挥发和防止冷凝管上凝结的水珠落入量筒。

⑫蒸馏汽油时量筒要浸在盛水的高型烧杯内，烧杯中的液面要高出量筒的 100mL 标线，量筒的底部要用压块压住，蒸馏过程中高型烧杯中的水温应保持在 (20 ± 3)℃。

（2）馏程测量步骤

①检查仪器安装合乎标准后，记录大气压力，开启仪器电源开关，转动加热调节旋钮至电流表指示位置（1.2A），开始加热，同时启动秒表记录时间。

调节电流大小使加热能满足下述要求：蒸馏汽油时，从开始加热到落下第一滴馏出液的时间为 5 ~ 10min，蒸馏航空汽油为 7 ~ 8min，蒸馏喷气燃料、煤油、轻柴油为 10 ~ 15min，蒸馏重柴油或其他重质油料为 10 ~ 20min。（假如第一次未能掌握好这一时间，不应半途而废，应继续进行蒸馏，并记录数据，以这次为练习，为下次试验打好基础。如中途停止，也未必能使下次试验完全做好。）

第一滴馏出液从冷凝管滴入量筒时，记录此时的温度作为"初馏点"。

②得到初馏点后，移动量筒，使其内壁与冷凝管末端接触，让冷凝液沿量筒壁流下，以便读取量筒内体积。

得到初馏点后，注意使馏出速度应控制在每分钟馏出 4 ~ 5mL，如开始时馏出速度过快，可将电流适当调小，随着沸点升高，根据馏出速度大小，再逐渐加大电流。大约每隔 20 ~ 30mL 便需将电流稍稍调大一些（1.3 ~ 1.4A）。

③记录初馏点及开始加热到初馏点的时间，随后每馏出 10%（即 10mL）记录一次温度和时间。

④蒸馏汽油时，当量筒中馏出液达到 90mL 时，立即最后一次加大电流（2A），要求在 3 ~ 5min 内达到干点。如果这段时间超过规定，实验无效。记录到达干点的时间及干点。

干点定义为温度计的水银柱在继续加热的情况下停止升高并开始下降时的最高温度。干点与油品最后馏分的沸点及瓶底的加热强度有关，因此达到干点时间必须符合规定。

到达干点后，立即停止加热，让冷凝管中液体流出 5min 后，记录量筒中的总体积作为总馏出量。

⑤试验结束时让蒸馏烧瓶冷却 5min 后，从冷凝管上端卸下蒸馏瓶，取下瓶塞和温度计。将蒸馏瓶中热的残留物仔细倒入 10mL 的量筒内，待量筒冷至 (20 ± 3)℃时，记下残留物体积，精确至 0.1mL。在蒸馏瓶支管中的液体亦应倒入这个量筒中。

试油100mL减去馏出液和残留物的总体积之差就是蒸馏损失。

1.5.4 注意事项

（1）保证规定的馏出速度是试验准确性的关键。到达初馏点的时间及馏出速度快慢均会影响馏出速度，必需严格按照规定的馏出速度进行实验。

（2）仪器安装应严格按照规定要求。若温度计的插入位置不正确，会影响馏出温度。当水银球偏向支管时，因水银球靠近瓶壁，此处气流速度较快，与携带上来的液滴接触较多，导致指示温度偏高。

蒸馏瓶支管插入冷凝管中长度严格为25~40mm，插入长度范围相差太大，造成初馏点读数可相差1~2℃，一般以30mm为宜，在作平行试验时，更应注意两次插入深度要相近。

（3）取样和收集蒸馏残留物及馏出油时，均应保持油温为（20±3）℃。对于100mL汽油来说，17℃和23℃取样时，体积可相差0.2~0.3mL。

（4）经常检查仪器的严密程度，防止漏气。

（5）蒸馏时，所有读数必须精确到0.1mL、1℃和1s。

1.5.5 实验数据记录及处理

（1）实验数据记录

请将实验测量数据记录在表1-8内。

表1-8 石油产品馏程测定记录表

试油名称：_____；仪器编号：_____

测定时间：_____年_____月_____日；试验员：_____

馏出体积	温度/℃	校正后温度/℃	时间/min	时间间隔/min
初馏点				
10%				
20%				
30%				
40%				
50%				
60%				
70%				
80%				
90%				
干点				

总馏出量：_____mL；残留物：_____mL；损失：_____mL。

（2）温度计示值修正

温度计示值根据温度计检定证上的修正数进行修正，精确到1℃。蒸馏时大气压力如在102.7~100.0kPa（770~750mmHg）范围内，不必修正。

大气压力高于102.7kPa（770mmHg）或低于100.0kPa（750mmHg）时，馏出温度所受大气压力的影响，则需对馏出温度进行修正，参考 GB 255—77，修正数 C 也可按式（1 − 2）或（1 − 3）计算。

$$C = 0.0009(101.3 - p)(273 + t) \tag{1-2}$$

$$C = 0.0012(760 - p)(273 + t) \tag{1-3}$$

式中　p——实际大气压力，kPa 或 mmHg；

$\quad\quad\ t$——在大气压力 p 时的馏出温度，℃。

因此，在 760mmHg 时的馏出温度为 $t' = t + C$。

此外，也可以利用表的馏出温度修正常数 k 按式（1 − 4）或式（1 − 5）简捷地算出修正系数 C：

$$C = 7.5k(101.3 - p) \tag{1-4}$$

$$C = k(760 - p) \tag{1-5}$$

修正常数 k 的取值见表 1 − 9。

表 1 − 9　馏出温度的修正常数 k

馏出温度/℃	k	馏出温度/℃	k
11 ~ 20	0.035	191 ~ 200	0.056
21 ~ 30	0.036	201 ~ 210	0.057
31 ~ 40	0.037	211 ~ 220	0.059
41 ~ 50	0.038	221 ~ 230	0.060
51 ~ 60	0.039	231 ~ 240	0.061
61 ~ 70	0.041	241 ~ 250	0.062
71 ~ 80	0.042	251 ~ 260	0.063
81 ~ 90	0.043	261 ~ 270	0.065
91 ~ 100	0.044	271 ~ 280	0.066
101 ~ 110	0.045	281 ~ 290	0.067
111 ~ 120	0.047	291 ~ 300	0.068
121 ~ 130	0.048	301 ~ 310	0.069
131 ~ 140	0.049	311 ~ 320	0.071
141 ~ 150	0.050	321 ~ 330	0.072
151 ~ 160	0.051	331 ~ 340	0.073
161 ~ 170	0.053	341 ~ 350	0.074
171 ~ 180	0.054	351 ~ 360	0.075
181 ~ 190	0.055		

1.5.6　思考题

（1）试分析试油的蒸馏损失是怎么造成的。

（2）为什么实验前要先脱除试油中的水？

1.6 油品闪点、燃点的测量

石油产品绝大多数是易燃易爆的物质。因此研究油品与着火、爆炸有关的性质如闪点、燃点和自燃点等，对石油及其产品的加工、储存、运输和应用的安全有着极其重要的意义。

石油产品液面上的蒸汽浓度，当其他条件不变时，决定于油品的温度，因为油品的蒸汽压与温度有关。当蒸汽浓度达到爆炸下限（指汽油以外的各种产品）或爆炸上限（汽油）时的油品温度称为闪点。也就是说除汽油外油品通常在爆炸下限时闪火，在室温时这些油品不能形成爆炸混合物所需的蒸汽浓度，所以必须对油品加热才能引起闪火。由于油品液面上部的蒸汽浓度和爆炸限度都与油品温度以外的条件如加热温度，蒸发速度，蒸发空间的大小、压力等有关，所以石油产品闪点的测定与仪器及操作方法有密切关系。因此没有标明测定方法的闪点是毫无价值的。

我国现用测定闪点的方法：闭口杯法（GB/T 261—2008）；开口杯法（GB/T 267—1988）。前者适用于测定煤油、柴油、润滑油的闪点，后者适用于测定润滑油、深色石油产品（如燃料油、沥青及原油等）的闪点。

1.6.1 实验目的

（1）掌握油品燃点的测定方法，学会采用闭口杯法测定油品闪点；

（2）了解石油产品闪点和燃点的含义；

（3）掌握相关实验仪器的使用方法，了解其性能。

1.6.2 实验原理

（1）闪点

闪点是石油产品等可燃物质的蒸汽与空气形成混合物，在有火焰接近时，能发生闪火的最低温度。在闪点温度下的油品，只能闪火不能燃烧。这是因为在闪点温度下，液体油品蒸发速度比燃烧速度慢，油气混合物很快烧完，蒸发的油气不足以使其继续燃烧。所以在闪点温度下，闪火只能一闪即灭。

各种油品的闪点可通过标准仪器测定。

（2）燃点

又叫着火点，是指可燃性液体表面上的蒸汽和空气的混合物与火焰接触而发生火焰能继续燃烧（不少于5s）时的温度。可在测定闪点后继续在同一标准仪器中测定。

1.6.3 实验仪器、材料

闭口杯闪点测定器、油品、温度计、燃气罐等。

1.6.4 实验步骤

（1）实验准备

①试油的水分超过0.05%时，必须脱水，脱水处理是在试油中加入新煅烧并冷

却的食盐、硫酸钠、无水氯化钙进行，当估计试油的闪点低于100℃时，不必加温，估计闪点高于100℃时，可加热到50~80℃，脱水后，取试油的上层澄清部分供实验使用。

②油杯要用无铅汽油洗涤，再用空气吹干。

③将适宜温度的试油装入实验杯中，使弯月面的顶部恰好至装样刻线。应准确加入试油，多装试油测得的结果偏低，少则偏高；如果注入实验杯中的试油过多时，则可用移液管或其他适当的工具取出多余的试油。如果试油沾到仪器的外壁时，则需倒出试油，洗净烘干，重新再装试油，要除去试油表面上的气泡。试油注入油杯时，试油和油杯的温度都不应高于试油脱水的温度，杯中试油要装满到环状标记处，然后盖上清洁、干燥的杯盖，插入温度计，并将油杯放在空气浴中。实验闪点低于50℃的试油时，应预先将空气浴冷却到室温[(20±5)℃]。

④将点火器的灯芯或煤气引点燃，并将火焰调整到接近球形，其直径为3~4mm。火焰过长测定的结果偏低，过短偏高。

⑤闪点测定器要放在避风和较暗的地方，才便于观察闪火，为了更有效地避免气流和光线的影响，闪点测定器应围着防护屏。

⑥用检定过的气压计，测出实验时的实际大气压力p。

(2)闪点测定

①加热。闪点低于50℃的试油，从实验开始到结束要不断地进行搅拌，并使试油温度每分钟升高1℃；闪点高于50℃的试油，开始时加热要均匀上升，并定期进行搅拌，预计到闪点前40℃，调整加热速度(使在预计闪点前20℃时，升温速度控制在每分钟2~3℃)，并进行不断搅拌。

②试油温度达到预期闪点前10℃时，对于闪点低于104℃的试油每经1℃进行点火实验；对于闪点高于104℃的试油每经2℃进行点火实验。在实验期间转动搅拌器对试油进行搅拌，点火时，使火焰在0.5s内降到杯上含蒸气的空气中，留在这一位置1s立即回到原位，如果看不到闪火，就继续搅拌试油，并按本条的要求重新进行点火实验。

③在试油液面上方最初出现蓝色火焰时，立即从温度计读出温度，作为闪点测定结果。得到最初闪火之后，继续按照②进行点火实验。在最初闪火之后，如果再进行点火却看不到闪火，应更换试油重新实验，只有重复实验的结果依然如此，才能认为测定有效。

(3)燃点测定

测得试油的闪点之后，还需要测定燃点，应继续加热，使试油的升温速度为每分钟升高(4±1)℃。然后，进行点火实验，试油接触火焰后立即着火并能继续燃烧不少于5s，此时立即从温度计读出温度作为燃点的测定结果。

1.6.5 实验数据记录及精确度要求

(1)将所测的数据整理，去除不合理数据，分析产生误差的原因

(2)大气压力对闪点影响修正

所测得的闪点温度为环境大气压力下的闪点，需要利用式(1-6)式(1-7)修正到标准大气压下的闪点。

$$\Delta t = 0.25(101.3 - p) \qquad (1-6)$$

式中 p——大气压，kPa。

$$\Delta t = 0.0345(760 - p) \qquad (1-7)$$

式中 p——大气压，mmHg。

（3）精确度要求

两次平行测定结果与其算术平均值的差数，不应超过下列允许值：

闪点/℃	允许差数/℃
50℃以下	±1
高于50℃	±2

用两次平行测定结果的算术平均值，作为试油的闪点。

第2章　燃气物性测量实验

燃气是气体燃料的总称，它能燃烧而放出热量，供城市居民和工业企业使用。燃气的种类很多，按燃气的来源，通常可以把燃气分为天然气、人工燃气、液化石油气和生物质气等。

我国燃气供应行业和发达国家相比起步较晚，目前配送的燃气主要包括煤气、液化石油气和天然气3种。我国的燃气供应从20世纪90年代起有了大幅增长。其中，人工煤气供应量经过1990年的大幅增长后，由于其污染较大、毒性较强等缺点，目前处于较为缓慢的增长阶段；液化石油气受到石油价格上涨的影响，供应量维持稳定；目前产生相同热值天然气价格相对汽油和柴油而言，便宜30%～50%，具有明显的经济性，同时国家日益重视环境保护，市场对清洁能源需求持续增长，近年来作为清洁、高效、便宜的能源，天然气消费获得快速发展。

燃气作为燃料，其燃烧性能是其重要的经济指标，而影响其燃烧性能的主要因素就是其本身的物性。燃气的物性主要包括密度、热值、火焰传播速度等，因此熟悉并学会测定燃气的物性对于燃气行业的从事者来说是十分必要的。

2.1　燃气相对密度测定

燃气的相对密度是指一定体积干燃气的质量与同温度、同压力下同体积干空气的质量比值，亦称密度之比，无量纲，符号为 d。

2.1.1　实验目的

(1)了解气体相对密度是气体特性中的一项常数，它随气体成分的改变而变化；

(2)利用喷流法测定燃气相对密度。

2.1.2　实验原理

在相同温度与压力条件下，具有相同体积、不同种类的气体流过某固定直径的锐孔所需时间的平方与气体密度成正比。

当压力很小(气体的压缩性可忽略不计时)，气体从锐孔排出的速度 W_1 (m/s)可以用式(2-1)计算：

$$W_1 = \mu \cdot \sqrt{\frac{2gH}{r}} \tag{2-1}$$

式中　H——使被测气体排出的压力；

　　　g——重力加速度；

　　　r——气体的相对密度；

　　　μ——流速系数。

在时间 τ 内从锐孔流出的气体量（m^3）按式（2-2）计算。

$$V = W_1 \cdot f = \mu \cdot f \cdot \tau \sqrt{\frac{2gH}{r}} \qquad (2-2)$$

式中 f——气体流经锐孔的面积；

  τ——流出 V 体积所用时间。

在 H 压力作用下，一定体积空气 V 从锐孔排出时所需时间 τ_1；在同一压力 H 作用下，同体积燃气从锐孔排出时所用时间 τ_2，有以下关系式成立：

$$\mu \cdot f \cdot \tau_1 \sqrt{\frac{2gH}{r_1}} = \mu \cdot f \cdot \tau_2 \sqrt{\frac{2gH}{r_2}}$$

则湿燃气的相对密度

$$d_w = \frac{r_2}{r_1} = \left(\frac{\tau_2}{\tau_1}\right)^2 \qquad (2-3)$$

2.1.3 注意事项

（1）实验过程中采取措施防止测定装置受日光或其他热源的直接照射或辐射；

（2）实验过程中采取措施防止室内温度受到气流的影响；

（3）测定燃气流出时间的过程中，需用燃气洗筒，至确认内筒已完全为被测燃气时，方可进行流出时间测定；

（4）秒表开动或停止必须是内筒液面升至下标线或上标线处，并使眼与液面、标线在同一水平面。

2.1.4 实验仪器

（1）西格林气体相对密度计，其结构如图2-1所示。

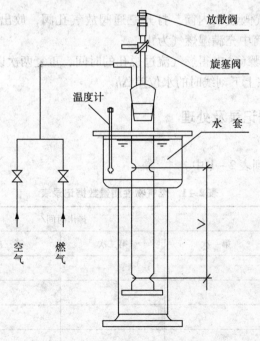

图2-1 西格林气体相对密度计

各种燃气相对密度计均应用纯度达99.99%的氮气进行校验，测出的数据与氮气的相对密度值0.967的相对误差不应超过±2%。

（2）温度计：量程0~50℃；最小刻度0.2℃。

（3）秒表：最小刻度0.1s。

（4）大气压力计：水银大气压力计（大气压力指示值，0.01kPa），附带温度计（最小刻度不大于0.2℃）。也可以用精度不低于0.01kPa的其他大气压力计。

2.1.5 操作步骤

（1）开启排气扇，保持室内通风，防止燃气泄漏造成对人员的危害。

（2）将密度计摆正调平，并向外筒中注入水，超过上标线约300mm；待水温与室温差不超过0.5℃时，方可使用。

（3）用空气阀将空气注入内筒，使内筒水位下降至下部刻度线以下位置，关闭空气阀，持续5min后，待水平位置不动，确认仪器不漏气时，即可进行测试。

（4）打开旋塞吹洗，放出湿空气后再注入湿空气，重复3~5次，至确认仪器内充满室温下基本达到水蒸气饱和的空气时为止。

（5）打开旋塞，使湿空气自放散阀锐孔流出，用秒表记录水位由下部刻线到上部刻线所需的时间，要求读到0.05s。

（6）再次注入湿空气，按步骤（5）重复两次，取平均值作为τ_1，当3次记录的极差与平均值的相对值差大于1%时应重测。相对值差的大小按式（2-4）计算：

$$\Delta \tau = \frac{\tau_{max} - \tau_{min}}{\bar{\tau}} \times 100\%$$

$$\bar{\tau} = \frac{\tau_1 + \tau_1' + \tau_1''}{3} \qquad (2-4)$$

（7）将燃气通过燃气阀注入内筒。打开三通阀放气孔阀，放出湿燃气后，再注入湿燃气，直至确认密度计内筒中充满湿燃气为止。

（8）按步骤（5）、步骤（6）求得燃气流过锐孔的时间，重复两次以上，取平均值作为τ_2。

（9）读取水位分别在上下刻线时的水位差Δh。

2.1.6 实验数据记录及处理

（1）实验数据记录

请将测量数据记录到表2-1中。

表2-1 燃气物性测量数据记录表

气体名称	排出时间/s			
	第一次	第二次	第三次	平均值
空气τ_1				
燃气τ_2				
空气τ_1				
燃气τ_2				

（2）燃气相对密度的计算：

湿燃气的相对密度 d_w 可按式（2-5）计算。

$$d_w = (\tau_2 / \tau_1)^2 \qquad (2-5)$$

式中　τ_1、τ_2——空气、燃气流过锐孔的平均时间。

（3）干燃气的相对密度的计算：

测定时，燃气与空气均充分被水蒸气饱和，干燃气的相对密度按式（2-6）计算，

$$d = d_w + \frac{0.627 p_1}{p_{amb} + p_2 - p_1}(d_w - 1)$$

$$p_2 = \frac{9.807 \Delta h}{2} \qquad (2-6)$$

式中　d——干燃气的相对密度；

　　p_{amb}——测试环境的大气压力，Pa；

　　p_1——测试环境温度下的饱和水蒸气压力，Pa，根据水温查表求得；

　　p_2——测试过程中被测气体的平均压力，Pa；

　　Δh——水位差，mm。

当两次平行测试的结果相对差值 $\Delta d = \dfrac{d_1 - d_2}{d} \leqslant 1\%$ 时，取其平均值 $\bar{d} = \dfrac{d_1 + d_2}{2}$ 为测试结果。

2.1.7　思考题

为什么测试用的燃气、空气要充分被水蒸气饱和？

2.2　湿式气体流量计校正

准确测量燃气流量具有十分重要的意义。为保证测量的准确性，任何流量计在使用一段时间后，都需要进行调整或校正。

2.2.1　实验目的

（1）利用标准量瓶检查待测湿式气体流量计读数是否正确；

（2）求出待测湿式气体流量计的体积修正系数，以备测量燃气流量时使用；

（3）掌握测试方法，并能熟练进行操作。

2.2.2　实验原理

本实验是利用一个标准的量瓶来进行待测湿式气体流量计的校正。标准量瓶的容积，在其刻度Ⅰ～Ⅱ之间正好为1L。将该容积内的气体通入湿式气体流量计，若流量计的指针亦转1L，则流量计读数正确；否则应对流量计进行调整或校正。

2.2.3　操作步骤

（1）按要求调整好湿式气体流量计：将湿式气体流量计灌入适量水，并进行调平。

（2）参照湿式流量计校正系统图，将标准量瓶、水杯与湿式气体流量计连接起来，并在水杯中加入一定量的水。

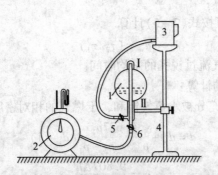

图2-2　湿式流量计校正系统图

1—标准量瓶；2—湿式流量计；3—水杯；
4—支架；5—两通旋塞；6—三通旋塞

(3)打开旋塞5，旋转旋塞6，使标准量瓶内空气通入流量计内，当流量计指针正好指到整数值时，旋转旋塞6使标准量瓶内空气与大气相通。

(4)放低水杯位置，使水面下降，当水面下降到刻度Ⅱ时，关闭旋塞5，使水面停止在刻度Ⅱ上。将水杯放回支架4的上面。

(5)旋转旋塞6，使标准量瓶内的空气与流量计相通，打开旋塞5后，瓶内空气再次流入流量计中。当水面上升至刻度Ⅰ时，关闭旋塞5。

(6)读取流量计读数，填入记录表格内。

(7)重复上述步骤(3)~(5)，读取流量计读数，填入记录表内。直至流量计指针转过1整圈。

如果发现流量计的读数总是低于(或高于)标准量瓶的体积，则说明湿式气体流量计内水位较低(或较高)，可通过加水(或减水)进行调节。如果发现流量计的读数有时低于标准量瓶的体积，有时又高于标准量瓶的体积，则说明叶轮不均匀，此时应求出校正系数，并画出校正曲线，以备测量气体流量时使用。

2.2.4　实验数据记录及处理

请将实验数据记录到表2-2内，并求出校正系数，画出校正曲线。

表2-2　湿式气体流量计校正记录表

次数	流量计读数/L		流过流量计的体积/L $V = V_2 - V_1$	校正系数 $f = V/V_0 (V_0 = 1)$
	起始值 V_1	终了值 V_2		
1				
2				
3				
4				
5				

2.3　燃气表流量校正

准确测量流量是十分重要的。为保证测量的准确性，任何流量计在使用一段时间后，都需要进行调整或校正。

2.3.1　实验目的

(1)利用比较法(标准流量计法)标定燃气表或其他气体流量计读数是否正确；
(2)求出气体流量计的体积修正系数，以备测量燃气流量时使用；
(3)掌握测试方法，并能熟练进行操作。

2.3.2　实验原理

标准流量计法是用精度高一等级的标准流量计(又称校验用流量计)与被校验流量计串联的校验装置，让流体同时流过标准表和被校表，比较两者的示值以达到校验或标定的目的。该校验装置费用省、操作简单，设备系统如图2-3所示。

气体经过风机加压后由进口调节阀1调节流量进入流量计(因使用翼片式鼓风机，绝对禁止关闭风机排风口，只能调节排风量以达到调节风量的目的)，然后进入标准流量计，测出瞬时流量V_b和累积流量及温度、压力，计算至标准状态作为标准值V_0(m^3/h)。

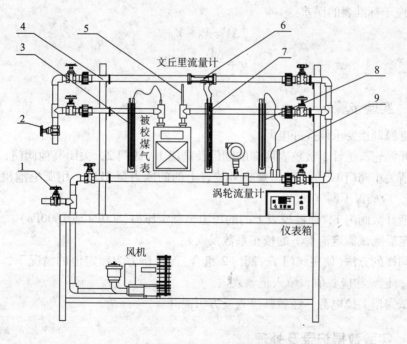

图2-3　燃气表流量校正系统图

1—进口调节阀；2—出口调节阀；3—燃气表压力计；
4—备用管(测试其他流量计用)；5—燃气温度计；
6—预留其他流量计；7—差压计；8—气体压力计；9—气体温度计

$$V_0 = f \cdot V_b$$

$$f = \frac{p_a + p_g - p_s}{101325} \times \frac{t}{273 + t} \qquad (2-7)$$

式中 f——将测量流量值换算成标准状态下流量的修正系数；

p_a——大气压力，Pa；

p_g——气体压力，Pa；

p_s——t 温度下水的饱和蒸气压，Pa，查附录二附表 2 - 2；

t——气体温度，℃。

气体接着流进被校流量计，测量出流量及温度、压力，算出被校表的流量测量值 V_c，并计算标准状态下的被校表流量测量值 V_{c0}。

$$V_{c0} = f_c \cdot V_c$$

$$f_c = \frac{p_{ac} + p_{gc} - p_{sc}}{101325} \times \frac{t_c}{273 + t_c} \qquad (2-8)$$

式中各参数与(2 - 7)中相同，下标"c"代表被校流量计各参数的测量值。

根据所求标准表的标准状态值和被校表的标准状态测量值，求出被校表的体积修正系数：

$$F = \frac{V_0}{V_{c0}} \qquad (2-9)$$

在使用中，只要用体积修正系数乘被校表的测量值即可得准确的测量值：

$$V_{cs0} = F \cdot V_{cs} \qquad (2-10)$$

计算对应于标准表的误差：

$$\Delta V = V_0 - V_{c0} \qquad (2-11)$$

相对误差：

$$\sigma = \frac{\Delta V}{V_0} \times 100\% \qquad (2-12)$$

2.3.3 实验步骤

(1)按电源调接要求调接好电源。

(2)打开涡轮流量计、被校表两端的阀门及阀门 1、阀门 2，关闭其他阀门，开动风机。

(3)逐渐关小阀门 1、阀门 2，观察被校表上的的压力至 3kPa，用肥皂泡检查各个节点处是否漏气，应确保不漏气。

(4)逐渐开大阀门 1，使被校表上的的压力至额定压力(800Pa 或 1000Pa)。

(5)稳定后测试额定流量下的校正系数及误差。

(6)用同样的方法(使用阀门 1、阀门 2 组合)保证压力为额定值的情况下，改变流量范围各点数值，记录相应数值，填入记录表内。

(7)测试完毕关掉电源，经教师检查后方可离开。

2.3.4 实验数据记录及处理

(1)将实验测量数据记录到表 2 - 3 内。

(2)数据处理。

根据实验原理求出被校流量计体积修正系数 F，并求出其最大绝对误差和最大相对误差。

表2-3 燃气表流量校正记录表

环境压力：_____Pa，环境温度：_____℃

测量次数	标准流量计读数						被校流量计读数				
	瞬时流量 V_b/(m³/h)	累计起始值 V_1/(m³/h)	累计终了值 V_2/(m³/h)	压力/Pa	温度/℃	f	起始值 V_1/(m³/h)	终了值 V_2/(m³/h)	压力/Pa	温度/℃	f_s
1											
2											
3											
4											
5											
⋮											

注：测量次数可根据需要适当增加。

2.4 燃气热值测定

燃气主要用于燃烧加热，因此燃气热值是燃气工程中非常重要的参数。国家有关部门规定城市燃气的热值不得低于 14654kJ/Nm³，因此在燃气生产、供应及应用过程中，需要经常测试燃气热值。测试燃气热值方法有多种，本实验采用水流式热量计测定燃气热值。

2.4.1 实验目的

(1)了解水流式热量计的基本构造及工作原理；
(2)掌握水流式热量计的正确操作方法；
(3)分析影响测量精度的因素。

2.4.2 实验原理

在水流式热量计中，用连续流过热量计的水吸收燃气完全燃烧时产生的热量，水吸收热量后温度升高。在稳定工况时，测出相同时间内燃气用量、流过热量计的水量及进、出口水温，即可计算出燃气的高位热值。在测试过程中，还应测出烟气中水蒸气冷凝产生的凝水量，计算出燃气的低位热值。本实验装置适用于采用水流式手动热量计测定城市燃气中人工燃气和天然气的热值。

因为本实验受温度影响很大，因此在实验过程中应注意采取措施防止测定装置受日光或其他热源的直接照射或辐射，采取措施防止室内温度受到气流的影响，如采用空调及缓慢扰动室内空气的措施，保持室温均匀。

2.4.3 实验装置

(1)实验测试系统

实验测试系统见图2-4。燃气经过压力调节器调整到额定压力，经燃气加湿器进行加湿，在通过湿式气体流量计时，测量燃气压力、温度、流量，然后进入本生灯与空气进行混合后燃烧。烟气与热量计中水进行热交换，降温后排出。

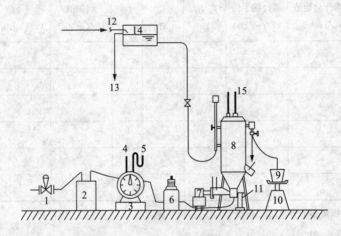

图2-4　水流式热量计测试系统

1—燃气初次调压器；2—燃气湿润器；3—湿式气体流量计；4—燃气温度计；5—燃气压力计；6—燃气稳压器；
7—空气湿润器；8—热量计本体；9—水桶；10—秤；11—凝水量筒；12—自来水入口；
13—溢流管；14—恒压水箱；15—热量计进、出水温度计

水从自来水管进入水箱，稳压后流入热量计的恒压水箱，再通过进水调节阀调整水量后，进入热量计内，多余水经溢流管流入下水道。进入热量计的水与燃气燃烧产生的烟气进行热交换后，流入水桶(在测试准备阶段流入下水道)进行称重。

空气经过空气加湿器进行加湿，相对湿度控制在(80±5)%。相对湿度由加湿器上的干、湿球温度计测量(结合附录二附表2-1)，通过加湿器上的调节阀门进行调节。加湿后的空气进入本生灯，与燃气混合进行燃烧。

(2)实验设备及要求

①水流式热量计(容克式)。

②空气加湿器、燃气加湿器。

③湿式气体流量计。其量程与最小刻度要求：流量20～1000 L/h；最小刻度0.02L。校正湿式气体流量计的标准容量瓶，其容量应与流量计指针转一周读数相等。

④湿式燃气调压器。用砝码调节出口燃气压力，调压范围为0.20～0.60kPa。

⑤温度计。热量计进口与出口温度计采用双层玻璃管的精密水银温度计，温度范围0～50℃，分度值0.1℃；其他温度计，温度范围0～50℃，分度值0.2℃；

⑥电子称。标重8kg、感重2g以下。

⑦大气压力。水银大气压力计：大气压力指示值0.01kPa，附带温度计，最小刻度不大于0.2℃。也可以用精度不低于0.01kPa的其他大气压力计。

⑧水温控制装置(水箱和水压调节器)。水箱容量不宜小于0.3m³，水流量为2～3 L/min，水温低于室温(2±0.5)℃。

⑨燃烧器的喷嘴。燃烧器的喷嘴出口直径与高位热值、燃气流量的关系见表2-4。

表 2-4 喷嘴出口直径与高位热值、燃气流量的关系

高位热值/(kJ/m³)	燃气流量/(L/h)	喷嘴出口直径/mm
62800	65	1.0
54400	75	1.0
46000	90	1.0
37700	110	1.5
29300	140	2.0
21900	200	2.0
16700	250	2.0
12600	330	2.5
8400	500	4.0

⑩水桶。盛水容量 8kg。

⑪冷凝水量筒。容量 50mL 最小刻度不大于 0.5mL。

⑫秒表。最小刻度不大于 0.1s。

各种测量仪表必须根据我国对计量仪表的要求定期标定，在使用时必须作相应的修正。

2.4.4 实验步骤

（1）准备工作

①开启排风扇，保持室内通风，防止燃气泄漏造成对人员的危害。

②用标准量瓶校正湿式气体流量计得出流量计校正系数 f_1。湿式气体流量计中的水温与室温相差应不大于 0.5℃。

③根据所测燃气的大致热值范围选择适当的燃烧器喷嘴。

④按水流式热量计测试系统安装热量计、湿式气体流量计、温度计等。

⑤打开进水阀门，向热量计内注水。此时热量计的出水口切换阀应指向排水口。进入热量计的水温应低于室温 1.2~2.5℃，每次测试的进水温度波动必须小于 0.1℃。

⑥调节空气加湿器，使空气的相对湿度为（80±5）%。

⑦检查燃气系统的气密性。要求在工作压力下，5min 压力不下降。

⑧排除燃气系统内的空气，点燃本生灯，调节燃气压力达到规定值，调风板使火焰具有清晰的内焰并且稳定燃烧。

⑨将点燃的本生灯装入热量计内，确保本生灯稳定放在热量计的规定位置上。

⑩调节进水调节阀，使热量计的出、进口水温差为 8~12℃。

⑪调节烟气阀门，使排烟温度与进水温度相差 0~0.2℃，以免烟气带走热量。

⑫运行 30min 后，待进出口水温稳定后（一般要求变化不超过 0.5℃），并且冷凝水均匀滴出后，方可进行测定。

（2）燃气热值测定

①测出盛水器净重，精确到g。

②当湿式气体流量计指针指零时，记录该值 V_1'，并将凝水量筒放在热量计的冷凝水出口下，开始进行测定。

③当湿式气体流量计指针指向某预定值 V_1 时，并迅速旋转热量计的出水切换阀，使水流入盛水器内，读取进水温度（精确到0.01℃）。以后，每当湿式气体流量计转过一定体积后（如0.5L），交替地读取进、出口水温度（精确到0.01℃），要求读出并记录10次以上进出口水温（t_1 和 t_2）。

④测定过程持续一定时间后（如燃气用量为10L），迅速将出水切换阀转回测定前位置，记录燃气用量 V_2。

⑤称量流过热量计的水量 W。

⑥重复(3)～(5)，进行第二次测定，并记录下相应的 W、V 及 t_1、t_2。

⑦当湿式气体流量计指针指向某预定终了值 V_2' 时，迅速取出冷凝水量筒。记录下燃气用量 V' 及凝水质量 w。

⑧关闭燃气，最后关闭进水阀门，结束测定。

⑨在测试过程中需测定的参数及精度要求如下：

大气压力	0.01kPa
环境温度	0.2℃
气体流量计上压力	10Pa
气体流量计上的温度	0.2℃
排烟温度	0.2℃

2.4.5 实验数据记录及处理

（1）实验数据记录

请将实验测量数据记录到表2－5内。

（2）体积修正系数计算

燃气体积换算为标准状态下的体积的换算系数为：

$$F = \frac{(p_a + p_g - p_s) \cdot T_0}{T \cdot P_{a0}} \cdot f_1 = \frac{p_a + p_g - p_s}{101325} \times \frac{273.15}{273.15 + t_g} \cdot f_1 \qquad (2-13)$$

式中 F——燃气体积的修正系数；

p_a——换算到0℃时的大气压力，Pa；

p_g——燃气压力，Pa；

p_s——燃气温度 t_g 条件下的水蒸气的饱和蒸气压，Pa，查附录二附表2－2；

t_g——燃气温度，℃；

f_1——湿式气体流量计的校正系数，根据标准计量瓶对燃气表读数的校正，标准值与测得值的比值。

（3）燃气高热值计算

$$Q_{GW} = \frac{W \cdot c \cdot (t_2 - t_1)}{F \cdot V \cdot f_2} \qquad (2-14)$$

式中 Q_{GW}——燃气高热值，kJ/Nm^3；

W——水量，g；

c——水的比热容，4.1868kJ/(g·℃)；

t_1、t_2——平均进出口水温，℃；

V——燃气用量，L；

f_2——燃气热量计修正系数。

表 2-5　城市燃气热值测试记录表

燃气种类		大气压力/Pa		室内温度/℃	
燃气温度/℃		燃气压力/Pa		排烟温度/℃	
干球温度/℃		湿球温度/℃		相对湿度/%	
流量计校系数 f_1		热量计修正系数 f_2		体积修正系数 F	
流量计示值 V_1'/L		流量计示值 V_2'/L		燃气用量 V_1'/L	
凝水量筒质量/g		凝水加量筒质量/g		凝水质量 w/g	
		第一组测试		第二组测试	
燃气示值 V_1/L					
燃气示值 V_2/L					
盛水器质量/g					
盛水器加水质量/g					
水量 W/g					
序　号	进口水温 t_1	出口水温 t_2	进口水温 t_1	出口水温 t_2	
1					
2					
3					
4					
5					
6					
7					
8					
9					
10					
平均值					
平均温差 $t_2 - t_1$/℃					
燃气高位热值 Q_{GW}/ (kJ/m³)					
高位热值平均值/(kJ/m³)					
燃气低位热值 Q_{DW}/(kJ/m³)					

取两次测定燃气高热值的平均值为最终测量结果，并要求两次测量结果的差值（差值 = $\frac{Q_{GW1} - Q_{GW2}}{Q_{GW}} \times 100\%$）小于 1%，否则应重新测定。

平均值为

$$\overline{Q}_{GW} = \frac{Q_{GW1} + Q_{GW2}}{2} \tag{2-15}$$

（4）燃气低热值计算

$$Q_{GW} = \overline{Q}_{GW} - \frac{w \cdot q}{F \cdot V} \times 10^3 \tag{2-16}$$

式中　Q_{DW}——燃气的低位热值，kJ/m^3；

　　　　w——冷凝水量，g；

　　　　q——冷凝水汽化潜热，2.512kJ/g；

　　　　V——与 w 对应的燃气用量，L。

2.4.6　思考题

（1）影响燃气热值测定准确性的主要因素是什么？

（2）为什么说冷凝水滴出后方可开始测定？

（3）为什么要将燃气和空气都加水饱和？

2.5　长玻璃管中火焰传播演示实验

观察火焰焰面在长玻璃管内静止的燃气－空气混合物中的传播情况，包括火焰焰面形状、焰面的运动速度，可以增强对火焰传播的认识。

2.5.1　实验目的

（1）观察火焰焰面在长玻璃管里静止的燃气－空气混合物中的传播情况；

（2）观察火焰的稳定、回火、脱火、熄火等现象；

（3）增强对火焰传播的认识。

2.5.2　实验原理及实验装置

在静止的燃气－空气混合物中，火焰的热量不断地传给未燃的混合气体，使其温度上升而着火燃烧，焰面会向可燃气体混合物方向运动。

实验装置见图 2－5。

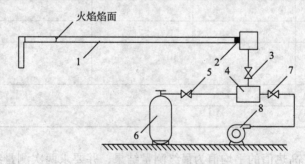

图 2－5　长玻璃管中火焰传播演示实验装置

1—长玻璃管；2—铜丝网；3—混合气体调节阀；4—混气装置；

5—燃气阀；6—燃气气源；7—空气阀；8—空气气源

气源可以是液化石油气，也可以是其他可燃气体。空气可由压缩机供给，也可以用风机。在长玻璃管内放置铜丝网，其作用是防止回火。

2.5.3　实验步骤

(1)实验准备

按要求连接好实验装置，灌适量的水(以下部刻线为准)，打开排烟气系统。

(2)静止燃气–空气混合物中的火焰传播

先打开燃气阀，后打开空气阀少许，使混合气体充满玻璃管。关闭阀门，然后在点火端点燃，观察火焰焰面及其传播情况。

(3)火焰的稳定、回火、脱火

先打开燃气阀，后打开空气阀少许，使混合气体充满玻璃管。然后在点火端点燃，待管内出现火焰前峰停止点火，改变空气阀门大小调节一次空气系数，使火焰峰面清晰。调节混合气调节阀门，以改变玻璃管中混合气的速度。

①观察火焰稳定情况：

调节混合气调节阀门，使气体速度 W 等于火焰传播速度 $\mu(W=\mu)$，则火焰基本上稳定在管内的某一位置，火焰稳定。此时观察火焰前峰情况：它的色泽同本生灯上的小火焰锥色泽相同(蓝色)，前峰面厚度极薄。前峰面悬于管中不与管壁接触。

②观察回火情况：

调节混合气调节阀，降低气流速度 W，使之小于火焰传播速度 $\mu(W<\mu)$，火焰前峰将以 $\mu-W$ 的相对速度向上游传播，直至铜丝网处。

③观察火焰吹熄情况(脱火)：

调节混合气调节阀，加大混合气体流速 W，使之大于火焰传播速度 $\mu(W>\mu)$，火焰前峰将以相对速度 $W-\mu$ 吹向下游，直到推出管口形成脱火最后被吹熄。

2.5.4　思考题

(1)分析火焰前锋面倾斜且成球面状的原因？
(2)若用此方法测出火焰传播速度，其数值与法向火焰传播速度有什么区别？
(3)实验中燃气和空气的比例是多少？怎么做才能观察到理想的实验现象？

2.6　燃气法向火焰传播速度测定

火焰传播速度，又称燃烧速度，是燃气燃烧的重要特性之一。它影响火焰的稳定性，是燃气燃烧器和燃烧设备设计的主要依据，也是判定燃气互换性的基本参数。

火焰前沿焰面沿其法线方向朝邻近未燃气体移动速度称作法向火焰传播速度。法向火焰传播速度仅与可燃混合气体的物理化学性质有关，决定法向火焰传播速度的基本量有：燃气成分、可燃混合气体的预热温度以及燃气与氧化剂混合浓度。

本次实验采用本生灯火焰法测定燃气的法向火焰传播速度。

2.6.1　实验目的及要求

(1)巩固火焰传播速度的概念，掌握本生灯火焰法测量火焰传播速度的原理和方法；

（2）测定某种燃气的层流火焰传播速度；

（3）掌握不同的气/燃比对火焰传播速度的影响，测定出不同燃料百分数下火焰传播速度的变化曲线。

2.6.2 基本原理

利用本生灯火焰法测定法向火焰传播速度是一种应用广泛而且较为完善的方法。

本生灯火焰有内焰和外焰两部分组成，如图 2-6 所示。当燃烧稳定时，内焰是静止火焰的焰面，焰面上任意点的法向火焰传播速度 S_n 与该点的气流速度对焰面的法向分量 V_n 相等。因此，测出 V_n 即可得到 S_n。

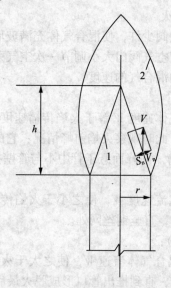

图 2-6 本生灯火焰

1—内焰；2—外焰

实际上内焰并非是一个几何正锥体，焰面各点上的 S_n 也并不相等。但为了得到比较简单的计算公式，可假定焰面上 S_n 值不变，内焰为几何正锥体，

$$S_n = V_n = V \cdot \cos\varphi \tag{2-17}$$

$$\cos\varphi = \frac{r}{\sqrt{h^2 + r^2}} \tag{2-18}$$

$$V = \frac{L}{\pi \cdot r^2} = \frac{L_g + L_\alpha}{\pi \cdot r^2} \tag{2-19}$$

将式（2-18）、式（2-19）代入式（2-17）得：

$$S_n = \frac{L_g + L_\alpha}{\pi \cdot r \cdot \sqrt{h^2 + r^2}} = \frac{L_g \cdot (1 + \alpha \cdot V_0)}{\pi \cdot r \cdot \sqrt{h^2 + r^2}} \tag{2-20}$$

根据式（2-20）测出混合气体流量 L、火焰高度 h 和管口半径 r 便可求出法向火焰传播速度。

2.6.3 实验装置

测量系统如图 2-7 所示，燃气与空气分别经过湿式气体流量计进入燃烧管，根据燃气与空气的流量以及燃气的理论空气量可以算出一次空气系数 α。可调节空气阀或燃气阀得到不同的 α 值。

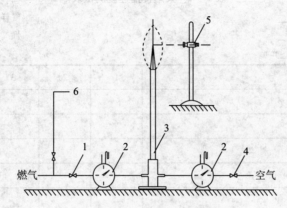

图 2-7　火焰高度测试系统
1—燃气阀；2—湿式气体流量计；3—燃烧管；4—空气阀；
5—测高仪；6—成分分析仪或热量计

燃烧管：用来混合燃气和空气，并使燃气在管口处燃烧；

测高仪：放大倍数 $12\times$，有效工作距离 $1\sim4\mathrm{m}$，最小读数值 $0.02\mathrm{mm}$；

湿式气体流量计：2台，分别测定燃气和空气流量；

空气泵：供给燃烧所需的空气；

卡尺：用于测定燃烧管的管口内径；

成分分析仪（或热量计）：用于测定燃气的成分组成。

2.6.4　测试步骤

（1）准备工作

①开启排风扇，保持室内通风，防止燃气泄漏造成对人员的危害。

②校正空气和燃气的流量计。

③按测试系统图连接仪器设备。

④进行气密性实验，打开气源阀门，关闭燃烧管上燃气阀门，要求 5min 流量计指针不动。

（2）测量方法

①用卡尺测量燃烧管的管口内半径 r，单位以 mm 计；

②先打开燃气阀，点燃火焰，这时呈扩散式燃烧；

③慢慢开启空气泵调节阀，送入空气（当出现火焰内锥时，即可测量燃气及空气的流量，同时记录燃气及空气流量计上的压力和温度）；

④用测高仪测得火焰内锥高度 h，单位以 mm 计；

⑤测量燃气成分或低位发热量，用来计算理论空气需要量（如果被测燃气的成分或发热量已知时，可以不进行此项测定）；

⑥多次适当增加或减少空气量，即改变一次空气系数，测出相应的火焰内锥高度。

2.6.5　实验数据记录及处理

（1）实验数据记录

请将实验测量数据记录在表 2 - 6 中。

表 2 - 6　火焰传播速度测试表

日　　期：_____　　　　　　　　　　　气样来源：_____

实验人员：_____　　　　　　　　　　　性　　质：_____

燃烧管半径：_____mm

	序　号	1	2	3	4	5
室内参数	室内温度/℃					
	大气压力/Pa					
燃气参数	燃气温度/℃					
	燃气压力/Pa					
	体积修正系数 F					
	开始时流量计读数 V/L					
	终了时流量计读数 V/L					
	所用燃气量：$V_2 - V_1$/L					
	时间 τ/s					
	燃气流量 L_g/（标 L/s）					
空气参数	空气温度/℃					
	空气压力/Pa					
	体积修正系数 F'					
	开始时流量计读数 V_1'/L					
	终了时流量计读数 V_2'/L					
	所用空气量：$V_2' - V_1'$/L					
	时间 τ/s					
	空气流量 L_a/（标 L/s）					
燃气性质	燃气热值 Q_{DW}/（kJ/Nm³）					
	理论空气需要量 V_0/（Nm³/Nm³）					
火焰传播速度	一次空气系数 α					
	火焰高度 h/mm					
	混合气体流量 $L_m = L_g + L_a$					
	火焰传播速度 S_n/（m/s）					

（2）理论空气需要量的计算

理论空气需要量可以燃气的成分进行计算：

$$V_0 = \frac{1}{21}\left[0.5H_2 + 0.5CO + \sum\left(m + \frac{n}{4}\right)C_mH_n + 1.5H_2S - O_2\right] \qquad (2-21)$$

式中　H_2、CO、C_mH_n、H_2S、O_2——燃气各种成分的体积分数,%。

理论空气的需要量可以燃气的低热值采用下式进行估算:

当 $Q_{DW} < 11000kJ/Nm^3$ 时:

$$V_0 \approx \frac{0.21}{1000}Q_{DW}$$　　　　　　(2-22)

当 $Q_{DW} > 11000kJ/Nm^3$ 时:

$$V_0 \approx \frac{0.26}{1000}Q_{DW}$$　　　　　　(2-23)

(3)一次空气系数的计算

一次空气系数可按式(2-24)计算:

$$\alpha = \frac{L_a}{L_g \cdot V_0}$$　　　　　　(2-24)

(4)法向火焰传播速度 S_n 的计算

根据测得的燃气及空气流量、火焰内锥高度、燃烧管管口半径按式(2-20)计算法向火焰传播速度 S_n。

(5)绘制 $S_n - \alpha$ 曲线

根据测试结果,以 α 为横坐标,S_n 为纵坐标,绘制 $S_n - \alpha$ 曲线。由此可以得到最大火焰传播速度 S_{nmax} 和相应的一次空气系数值。

2.6.6　思考题

(1)影响火焰传播速度测量精度的主要因素有哪些?

(2)测量法向火焰传播速度的实际意义有哪些?

第3章 油品储运工艺相关实验

油气储运工程是连接油气生产、加工、分配、销售诸环节的纽带，它主要包括油气田集输、长距离输送管道、储存与装卸及城市输配系统，以及相关的辅助系统，如防腐蚀系统等。因此其相关的实验也涉及到以上这些方面。

鉴于油气性质上的差异，涉及的实验和操作也存在一定的差异，因此本书特将油品与燃气在储运工艺上的相关实验分开介绍，以便于不同方向的学生和从业人员进行查阅。

本章主要针对油品在储运工艺方面的相关实验进行介绍，对于燃气的相关工艺实验将在第4章中介绍。

3.1 "极化曲线"法测量土壤的腐蚀性

极化曲线是表示电极电位与极化电流或极化电流密度之间的关系曲线，它是研究电极过程机理及影响因素的重要方法之一，因为它可以反映电极表面电极反应的程度。极化曲线的陡缓可以反映金属被腐蚀的快慢，反过来说就是，极化曲线的陡缓也可以反映环境介质的腐蚀性强弱。

测量极化曲线的方法主要有恒电位法和恒电流法。恒电位法就是将研究电极电势依次恒定在不同的数值上，然后测量对应于各电位下的电流。恒电流法就是控制研究电极上的电流密度依次恒定在不同的数值下，同时测定相应的稳定电极电势值。

本次实验采用恒电流法测定极化曲线。采用恒电流法进行测量时，由于种种原因，给定电流后，电极电势往往不能立即达到稳态，不同的体系，电势趋于稳态所需要的时间也不相同，因此在实际测量时一般电势接近稳定(如1~3min内无大的变化)即可读值，或自行规定每次电流恒定的时间。

3.1.1 实验目的

(1)加深对极化曲线的理解；
(2)了解金属受土壤腐蚀时极化与去极化作用的发生与发展过程；
(3)学会用"极化曲线"法判断土壤腐蚀性。

3.1.2 实验装置与原理

如图3-1所示，在玻璃缸中放有含盐、含水量为某一百分比的均匀土壤，其上插入两根同样材料、形状及大小的金属电极 A 和 K，插入深度相同。金属电极 K 上焊有绝缘导线，通过单点开关 M、毫安表 mA 及可变电阻 R 与电源的负端相连，金属电极 A 上也焊有绝缘导线，直接与电源正端相连。两个电极间并有电压表 V。实验所用电极是用镀锌电工螺栓改制而成，外径 D，电极插入深度 h，实验时自行调整。

本实验采用恒电流的方法测量"极化曲线"(实际是两极电位差 ΔV 与电流密度 i 的关

系)，以电流为自变量，通过调节电路中的电阻 R 使某一恒电流通过电极。当电表上指示的电位差及电流值达到稳定以后读数，为了使电池系统获得稳定极化电流，应采用高压，高阻实验装置。如图 3 - 1 所示，B 为极化电源。通常可取数十伏或数百伏的直流电源。R_c 为电池系统等效电阻，R 为可变电阻，根据欧姆定律，回路中的电流 I 是由 B、R、R_c、电源内阻 R_i 以及包括导线电阻、电压表内阻在内的电阻 R_x 来决定的。它们之间的关系为：

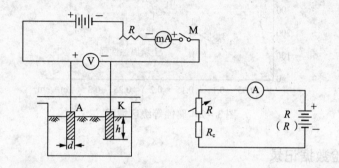

图 3 - 1　实验装置图及装置原理简化示意图

$$I = \frac{B}{R + R_c + R_i + R_x} \tag{3 - 1}$$

$R \gg R_c + R_i + R_x$ 则 $I = B/R$，这样由于电解池电阻或线路中接触点电阻变化引起的电流变化可减少到很少的程度，极化电流 I 值基本稳定，达到了控制极化电流的目的。为了能获得较大的电流值，可采用较高电压的电源；若希望电流的可调范围更宽一些，也可采用分压 - 恒流混合线路。

3.1.3　实验步骤

(1)熟悉实验装置，看清各种仪表量程及直流表的接线方向。

(2)用砂纸擦净金属电极，使之发出金属光泽。

(3)金属电极注意埋在玻璃缸中央，并用手按紧金属电极周围的土壤，使之与金属接触良好，记下电极的埋深 h。

(4)检查联接线路是否正确，电压表是否在零点。

(5)根据给出的可变电阻范围，选好拟调节的电阻值(一种土样至少选 4 个测点，通常由大电阻开始测定，合上单点开关 M，接通电路，迅速观察电压表及电流表指示值的变化情况，待读数稳定后，记录下稳定的电流和电压值，以及稳定所需时间，打开单点开关，断开电路，并记录电压表回零的时间。

(6)调整电阻值，待电压表指针回到零点以后，重复上述步骤进行第二次测定，两次测定的时间间隔不少于 5min，实验时注意各次测定中电流、电压达到稳定的时间变化。

(7)数据经检查无误后，拔出金属电极，观察电极表面现象，并记录在实验报告中。

(8)擦净电极，将实验装置恢复原状。

(9)将实测记录汇总于下表，作出 $\Delta V - i$ 曲线(极化曲线)，可用以表明土壤的腐蚀性。

一般认为：土壤含水量为 20%、电位差为 500mV、电流密度大于 $0.3\text{mA}/\text{cm}^2$ 时，腐蚀性严重；同样条件下，电流密度小于 $0.05\text{mA}/\text{cm}^2$，腐蚀性较弱，如图 3 - 2 所示：虚线将土壤分成 3 个不同腐蚀等级的区域，这种方法适用于实验室或现场的测试。

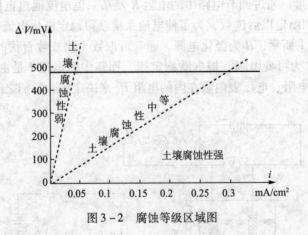

图 3-2　腐蚀等级区域图

3.1.4　实验数据记录

请将测量所得的数据记录到表 3-1 内。

表 3-1　"极化曲线"法测量土壤的腐蚀性记录表

滑线电阻/Ω				
极化稳定时两极 电位差 ΔV/mV				
极化稳定时电流 I/mA				
极化稳定时电流密度 i/(mA/cm²)				
极化稳定所需时间/s				

电极直径 D = _____ mm；电极插入深度 h = _____ cm。

3.1.5　思考题

(1)在测定过程中土壤松散或金属电极松动对测量结果会有什么影响?

(2)断开电路后电压表指针为什么是缓慢地回到零点(有时还回不到零点)?

(3)影响测量准确性的因素有哪些,欲使实验装置能满足调节电流范围宽一些,如何改进现有的装置线路?

(4)记录实验中遇到的反常现象,并分析其原因。

(5)根据实测数据,作出极化曲线,判断土壤腐蚀性。

3.2　阳极接地电阻和土壤电阻率的测量

阳极接地电阻和土壤电阻率是进行埋地管线防腐设计和管理过程中要应用的重要参数,通常可通过实测取得,都可通过工程专用电阻仪进行测量。

3.2.1 实验目的

(1)掌握测量阳极接地电阻和土壤电阻率的方法;

(2)理解 ZC-8 电阻仪测量原理,并掌握使用方法。

3.2.2 实验装置

本次实验所采用的实验装置主要有金属电极、ZC-8 电阻仪、电流表、伏特表、导线等。

3.2.3 实验原理

(1)阳极接地电阻的测量原理

ZC-8 接地电阻测试仪的基本结构与测量阳极接电阻原理如图 3-3 所示,C_1、C_2 为供电极,电流为 I_1,P_1、P_2 为测量极。当供电 I_1 后,在 P_1、P_2 间电阻 r_x(即为阳极接地电阻)上造成电位差 $I_1 r_x$,该仪器按电位计原理设计,内部测量回路的电流为 I_2,在可变电阻 R_{ab} 上造成电位差,当 ob 间的电位差 $I_2 R_{ob} = I_1 r_x$ 时,则检流计不偏转,故得:

$$r_x = \frac{I_2}{I_1} R_{ob} \qquad (3-2)$$

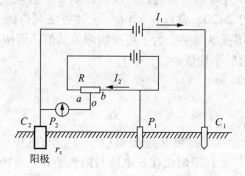

图 3-3 阳极接地电阻测量原理图

该仪器制造时,已固定 $\dfrac{I_2}{I_1}$ 值,分别为 10、1、0.1(即"倍率标度"有 3 个倍数,亦称为 3 档),R_{ob} 可由测量仪表的标度盘上读出,故接地电阻 r_x 值即为测定时采用的倍率标度的倍数乘以测量标度盘上的读数。

(2)土壤电阻率的测量原理

如图 3-4 所示,4 个电极 A、M、N、B 在地上按直线顺序插入,供电极 A、B 与电源 E 及电流表 I 相连而构成回路。回路通电后,在测量极 M、N 上形成的电位差可由电位差计测得为 ΔU,该电位差计值与经 A、B 两极流过土壤的电流 I 和 M、N 两极间的土壤电阻成正比,所以当电极距离已知,土壤电阻率 ρ 可由式(3-3)求得:

$$\rho = K \frac{\Delta U}{I} \qquad (3-3)$$

其中,K 为与各极间距离有关的系数,可由式(3-4)确定:

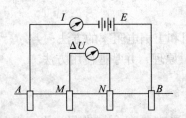

图 3-4　土壤电阻率测量原理图

$$K = \frac{2\pi}{\dfrac{1}{AM} - \dfrac{1}{BM} - \dfrac{1}{AN} + \dfrac{1}{BN}} \qquad (3-4)$$

当 $AM = MN = BN = a$ 时，则

$$K = 2\pi a \qquad (3-5)$$

这样，当 4 个电极 A、M、N、B 与测试仪的 4 个电极 C_2、P_2、P_1、C_1 用导线对应相连后，根据测试仪的测量原理可知，此时 $\Delta U = I_2 R_{ob}$，而 A、B 之间的电流即为 I_1，所以有下面关系式：

$$\rho = K\frac{\Delta U}{I} = 2\pi a \frac{I_2 R_{ob}}{I_1} = 2\pi a \frac{I_2}{I_1} R_{ob} \qquad (3-6)$$

4 个电极 A、M、N、B 直线顺序布置时，极间距离 a 一般取决于需要测定的土层深度，电极插入土壤的深度不大于 $a/20$，常取 $a = 20\text{m}$。上述方法测得的土壤电阻率为该地区土壤电阻率的平均值，又称土壤视电阻率。为了更准确测得其值，可按东、西、南、北 4 个方向各测得 ρ，然后求此 4 个值的平均值。

3.2.4　操作步骤

（1）阳极接地电阻测量

①按照图 3-4，进行接线。被测接地阳极（C_2、P_2）与电极（P_1、C_1）要依次按直线排列，彼此相距 20m 以上。注意将原阴极保护电路与阳极断开，电极顺序不能颠倒。

②用导线将阳极（C_2、P_2）与电极（P_1、C_1）联于接地电阻仪的相应端钮。

③将仪器放置水平，检查检流计指针是否指于中心线上，否则可用机械零位调整器调整。

④将"倍率标度"置于最大倍数，慢慢转动发电机摇把，同时转动"测量标度盘"使检流计指针指于中心线。

⑤当指针接近中心线时，加快发电机摇把转速，使其达到 120r/min 以上，同时调整"测量标度盘"，使指针指于中心线。

⑥"测量标度盘"的读数小于 1 时，应将倍率标度置于较小的倍数，再重新调整"测量标度盘"以得到准确的读数。

⑦"测量标度盘"的读数乘以倍率标度的倍数即为所测的阳极接地电阻值。当检流计灵敏度过高时，可将测量电极 P_1 在土壤中插得浅一些；如果灵敏度不足时，可沿测量电极注水湿润。当被测阳极接地电阻小于 1Ω 时，应将 C_2、P_2 间的联接片打开，分别用导线联于阳极上，以减小导线电阻引起的误差。

⑧将测量电极拔出，换一个方位，重复测量一次，读取并记录相关数据。

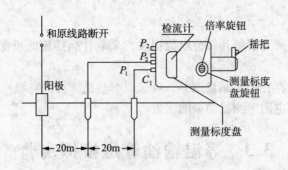

图 3 – 5 　阳极接地电阻测量接线图

（2）土壤电阻率测量

①寻找一块开阔平坦的土地，将 4 根测量电极成直线方向，两两相隔 20m，插入土壤中。

②按照图 3 – 6 的连接方式，将 4 个测量电极分别与测试仪的 4 个接线端子 C_2、P_2、P_1、C_1 用导线对应相连。注意电极顺序不要颠倒。

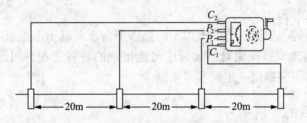

图 3 – 6 　四极法测量土壤电阻率接线图

③按照阳极接地电阻测量步骤的③ ~ ⑥，正确操作接地电阻测试仪，测量并记录实验数据。

④将测量电极拔出，换一个方位，重复测量一次，读取并记录相关数据。取两次测量的平均值作为最终的测量结果。

3.2.5　实验数据记录

将实验测量数据记录到表 3 – 2 中，并根据测量数据计算出需要的测量结果。

表 3 – 2 　阳极接地电阻及土壤电阻率测量记录表

项目	实验内容		极间距离 a/m	倍率标度读数 I_2/I_1	标度盘读数 R_{ob}/Ω
1	阳极接地电阻测量	正向测量			
		侧向测量			
2	土壤电阻率测量	东西方向			
		南北方向			

3.2.6 思考题

(1)阴极保护站需要克服哪几部分电能损失？采取什么措施既可保证保护效果，又能节约能源？

(2)测量过程可能存在哪些测量误差，可采取哪些措施加以克服？

(3)分析影响土壤电阻率测量结果的因素。

3.3 等温输油管道模拟实验

等温输油管道设计的主要任务除确定管线规格外，还要确定泵站站址及站内输油泵的规格，这本质上就是解决供需平衡的问题，即管路消耗的能量要等于泵站所提供的能量。因此，对于管路特性的研究以及管路与泵站配合时工作点的确定，都是在设计过程中会遇到的问题。

为保证管线长期安全地运行，在设计时还需考虑一些特殊的需要，如运行一段时间可能会结蜡需清管，以及在某些特殊地段(如翻越点)、特殊工况下(如个别泵损坏停运、发生泄露等)管线的运行状况等。

本次实验所采用的等温输油管道模拟实验操作平台正是基于上述原因而设计制作的，以小型的输油(水)管道来模拟长输管道运行中可能出现的各种工况，可增强学生对这一问题的认识，并为设计和研究提供一定的参考依据。

3.3.1 实验目的

(1)学习测定管路的 $H-Q$ 特性曲线。用图解法求出管路与泵站配合工作时的工作点。了解"泵–泵"运行的输油管路各站协调工作的情况。

(2)观察管线发生异常工况或突然事故时(如某泵站突然停电等)全线运行参数的变化。学会根据参数变化，分析事故原因、事故发生地点及应采取的处理措施，并在实验中加以验证。

(3)观察翻越点现象，记录翻越点的流量及工况，了解消除翻越点的条件。

(4)学习清管器的操作方法。

(5)了解计算机数据采集系统的组成及运行情况。

(6)掌握正常启停泵站的操作方法。

3.3.2 等温输油管路的实验原理

在等温输送管道实验系统中，泵站和管道组成了一个统一的水力系统，管道所消耗的能量(包括终点所要求的剩余压力)等于泵站所提供的压力能，二者必然保持能量供需的平衡关系。

全线的压力供需平衡关系式如下：

$$H_{s1} + n(A - BQ^{2-m}) - h_c = fLQ^{2-m} + nh_c + \Delta Z + H_t \tag{3-7}$$

式中　Q——全线工作流量，m^3/s；

　　　n——全线泵站数；

A、B、m——泵站特性方程系数；

      f——单位流量的水力坡降，$(m^3/s)^{m-2}$；

   H_{s1}——管道首站进站压头，m液柱；

    H_t——管道终点剩余压头，m液柱；

    L——管道总长度，m；

   ΔZ——管道起/终点高程，m；

    h_c——每个泵站的站内损失，m液柱。

3.3.3 实验装置及流程

（1）实验装置概况

实验管道采用不锈钢管材，全线建有4个泵站，每泵站设有两台离心泵，站内采用串联方式，全线采用密闭输送。实验中1~4站的1#泵同时运行为正常工况，1#泵为变频调速泵。

全线各站离心泵型号相同，额定转速下的工作参数见表3-3。

表3-3 各站离心泵工作参数

流量/（m^3/h）	3	6.3	9	15	17	18
扬程/m	28	27	26	24	23	22.5

（2）站内及站间流程设置

等温输油管道实验架有首站1座、中间泵站3座、末站1座，全线采用密闭输送方式工作，实验架工艺流程图见图3-7。

首站流程：正输、站内泵串联；中间泵站流程：正输、压力越站、站内泵串联。

中间泵站流程中，在3#站到4#站之间，设置收发球（清管器）装置，中间采用有机玻璃透明管道，便于观察清管器的运行情况。在2#站到3#站之间，设置管线模拟堵塞点和泄漏点。在末站之前，设置一个高点作为管线翻越点。

（3）数据采集系统

数据采集系统软件用组态软件编制，硬件采用西门子S7-200PLC。数据采集系统在每个泵站布置3个压力变送器，分别测量泵站入口、1#泵出口、泵站出口的压力。本次实验共安装了13个压力传感器，其中P_1、P_4、P_7、P_{10}传感器接在各泵站的进口处，为绝压传感器（因为泵入口压力有可能低于大气压）；P_2、P_5、P_8、P_{11}传感器接在各站1#泵的出口，P_3、P_6、P_9、P_{12}传感器接在各泵站出口处，这8个传感器均为表压传感器（因为泵出口压力一般高于大气压）；P_{13}装在实验装置末端。另外在1#泵站出口和4#泵站入口前各布置1个涡轮流量计，分别测量管线泄漏点前后的流量。

所有的压力和流量信号均为标准4~20mA信号，传入数据采集箱供计算机采集。

3.3.4 实验内容及步骤

（1）准备工作

给实验架操作控制台送电，开启泵站总电源，打开计算机数据采集系统，做好准备工作。

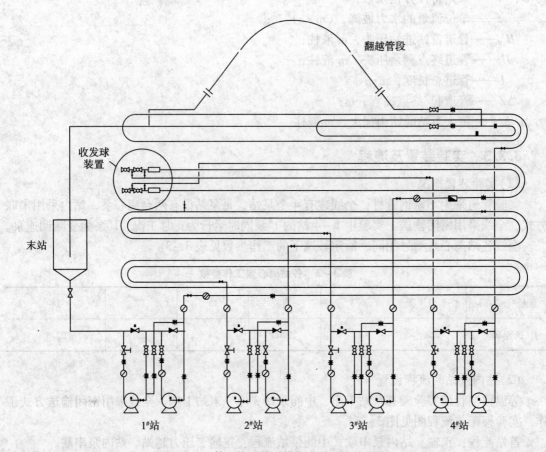

图3-7 等温输油管道模拟实验工艺流程图

（2）管线正常启动操作

①按下操作台上 $1^\#$ 站 $1^\#$ 泵的开关给泵站供电，再按下泵站启动开关，启动 $1^\#$ 站 $1^\#$ 泵，缓慢打开 $1^\#$ 站出站阀门。

②待压力、流量稳定后，启动 $3^\#$ 站 $1^\#$ 泵，缓慢打开 $3^\#$ 站出站阀；

③待压力、流量稳定后，启动 $2^\#$ 站 $1^\#$ 泵，缓慢打开 $2^\#$ 站出站阀；

④待压力、流量稳定后，启动 $4^\#$ 站 $1^\#$ 泵，缓慢打开 $4^\#$ 站出站阀。

管道正常启动时记录各站进出站压力和管道流量，分析压力参数的变化情况。停运时的操作顺序与启动时相反。

全线以 4 个泵站的 $1^\#$ 泵全部投入运行作为正常工况，规定各站进站压力不得低于 - 10kPa，出站压力不得高于 230kPa。

（3）测定管路特性曲线

管路特性曲线是指管路摩阻损失和流量之间的关系，测定管路特性曲线，可通过改变管线输量，记录各站进、出站压力，测出所对应的各泵站之间的管路摩阻损失，即可做出反映管路流量与摩阻之间的管路特性曲线。

有了管路特性曲线，就可以用图解法求出管路与泵站配合工作时的工作点，如图 3 - 8 所示。

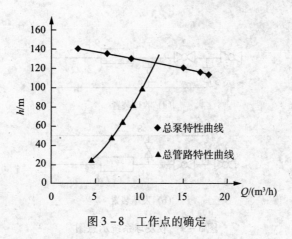

图3-8 工作点的确定

测定管道特性的具体实验步骤如下：

①启动1#站1#泵，缓慢打开1#站出站阀，待压力、流量稳定后，记录各站进出站压力和管道流量；

②启动3#站1#泵，缓慢打开3#站出站阀，待压力、流量稳定后，记录各站进出站压力和管道流量；

③启动2#站1#泵，缓慢打开2#站出站阀，待压力、流量稳定后，记录各进出站压力和管道流量；

④启动4#站1#泵，缓慢打开4#站出站阀，待压力、流量稳定后，记录各站进出站压力和管道流量；

⑤启动1#站2#泵，缓慢打开2#泵出口阀，待压力、流量稳定后，记录各站进出站压力和管道流量。

（4）异常工况及事故分析处理

①模拟泵站突然停电。停2#泵站，模拟突然停电。记录各站压力及流量。理论分析应采取什么调节措施才能使管线重新恢复正常工作（即各站的进出站压力处于规定范围），并在实验中加以验证。调节好管线的运行参数后，记录各站的进出压力、流量。

②模拟管路堵塞。实验架恢复到正常工作状态，关小堵塞阀门模拟管路堵塞情况。理论分析应采取什么措施才能使管线恢复正常工作，记录采取措施调节前后的压力流量数据，并加以验证。

③管道泄漏检测实验。实验装置恢复到正常运行工况，打开泄漏阀，记录泄漏后各站进出站压力和漏点前后流量。

在发生异常工况时，要根据监控系统采集的实验数据进行分析和判断。若发生停电和模拟堵塞的事故后，采取的主要处理措施就是泵站特性调节，即在泵出口阀进行节流调节。在发生管线泄漏后，要及时发现，查找漏点。

（5）收发清管球演示

熟悉清管器发送流程（即发球流程）的操作程序和收清管器流程（即收球流程）的操作程序。图3-9为收发球系统示意图（即为图3-7中画圈部分放大情况）。

图3-9(a)为收球装置，(b)为发球装置。正常情况下，打开阀6和阀8，阀1~阀5、阀7关闭。发球时，打开球阀3把清管器放进去后，关闭阀门3，打开阀4，关小阀8，将阀7逐渐开大直到清管器被水带走，当从观察管10中观察到清管器经过时，即说明清管器已

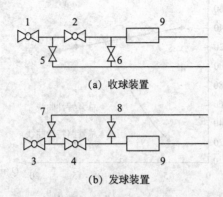

（a）收球装置

（b）发球装置

图 3-9　收发球系统示意图

发出，即发球操作已完成。清管器将随水在管内流动至收球端，当从观察管 9 观察到清管器经过时，关小阀 6，打开阀 2，逐渐开大阀 5，收到球后关闭阀 2，打开阀 1 将球取出，即完成收球操作。

（6）翻越点及翻越点后的流动状态观察

①根据流程设计观察翻越点的实验操作方案，将流程切换至观测翻越点流程，即将水流引入翻越管段内。

②若此时透明管的最高点不是翻越点（即最高点后无不满流现象发生），请分析如何才能使最高点变为翻越点？

③通过调节使透明管的最高点变为翻越点，并观察翻越点后的流动状态，记录管道的流量和各站的进出站压力。

④分析消除不满流的措施并在实验中加以验证。

⑤若要将翻越点处的动水压力提高到 0.2MPa 以上，分析应采取的措施并在实验中加以验证。

⑥将流程恢复到正常工况流程。

（7）工作点的调节

工作点反映的是管道与泵联合工作时的状态，取决于两者的特性，因此改变工作点常用的方法有以下两种：

①改变泵站工作特性，如改变运行的泵站数（或机组数）、泵机组调速、切削叶轮直径（10%、20%）等。

②改变管道工作特性，通常可采取调节阀门开度的方法。

（8）全部实验完成，按合理顺序停泵，关闭应当关闭的阀门和电源。

3.3.5　实验数据记录及处理

（1）请将实验测得的相关数据记录到表 3-4 中。

（2）在直角坐标纸上绘出各站的泵特性，管路特性曲线。用图解法求 4 个泵站运行时的工作点，求出各站进、出站压力，并与实测结果对比。

（3）比较各种事故工况和正常工况的数据，分析事故工况对运行参数的影响。讨论应采取的措施。

（4）从能量供求关系的角度讨论事故工况 1 和事故工况 2 的运行参数有什么相同和不同之处。

表3-4 等温输油管道模拟实验数据记录表

工况	1#站			2#站			3#站			4#站			末站	1#站	4#站
	P_1	P_2	P_3	P_4	P_5	P_6	P_7	P_8	P_9	P_{10}	P_{11}	P_{12}	P_{13}	Q_1	Q_2

注：表格中压力单位为 m，流量单位为 m^3/h，表格可适当增加行数。

3.3.6　思考题

(1)为什么要关闭泵出口阀后才能启动离心泵？往复泵能否这样做？

(2)当首站提供的能量不足以把相应输量的液体输送到管路终点时，应怎样启动长输管线？这样常发生在什么情况下？

(3)到流程操作时，为使管线不至于憋压，应注意些什么？

(4)根据哪些管线数据来判断输油管线工况是否正常？

(5)若漏油发生在首站出口处或第四站末端，各站运行参数怎样变化？如何根据参数变化来判断漏点位置？

3.4　长距离输油管道运行工况模拟

SCADA(Supervisory Control And Data Acquisition)系统，即数据采集与监视控制系统。它是以计算机为基础的 DCS 与电力自动化监控系统，可以应用于电力、冶金、石油、化工、燃气等领域的数据采集与监视控制以及过程控制等诸多领域。目前，SCADA 系统已普遍应用于长距离输油输气管道，来监视全线管道站场和阀室设备运行情况。SCADA 系统是一种可靠性高的分布式计算机控制系统，具有扫描、信息预处理及监控等功能，并能在与中心计算机的通信一旦中断时独立工作，站上可以做到无人值守，因此是长输管道一项重要的综合自动化系统。

本实验室所用软件正是基于该系统开发而成的，它以大庆到铁岭的长输管道系统为蓝本，借助该仿真系统，不仅可以模拟该管道正常运行时的工况，还可以对一些特殊工况进行模拟，较为完整地体现长输管道的运行情况。

3.4.1　实验目的

(1)熟悉长输管道的组成以及应用于管道的 SCADA 系统；

(2)了解长输管道系统涉及的实际操作内容以及系统调度人员的工作内容；

(3)理解长输管道系统上重要运行参数的意义和取值；

(4)能够正确判断和处理长输管道运行时发生的事故工况；

(5)了解长输管道水力瞬变的特性。

3.4.2 实验设备

(1)硬件组成：计算机；

(2)软件组成：Scan3000 组态软件、SCADA 系统。

3.4.3 实验内容及步骤

(1)开机，进入仿真系统。了解并熟悉长距离输油管道仿真系统的使用方法，同时熟悉大庆到铁岭管线的总体概况(详细系统介绍和操作方法见附录三)。

(2)在正常工况下进行 SCADA 系统的基本操作，如查看管线压力流量分布、各站工艺流程情况、各泵站相关参数，制作生产报表等。

(3)对管道系统进行操作，可进行的操作如切换阀室、启停泵等，应注意观察整条管线水力坡降、压力、流量等参数的变化，并思考应对的办法。

(4)回到稳定运行工况，记录重要的各类参数。

(5)实验完毕，关机。

3.4.4 实验报告要求

(1)将一次稳态模拟的结果记录后进行分析，画出全线的压降图；

(2)完成一份对管道 SCADA 系统认识的报告。

3.4.5 思考题

如何理解管道瞬变流的水力特性？它的变化受哪些因素的影响？

3.5 原油管道泵站及联合站工艺模拟

3.5.1 实验目的

(1)熟悉长输管道泵站的设备组成和常用流程；

(2)熟悉联合站的设备组成和常用流程。

3.5.2 实验设备

本次实验所用到的实验设备主要有流程演示板、控制台、单机。

3.5.3 实验内容

(1)演示实验

①流程演示板演示

流程的显示选择由控制台上的相应按钮操作。操作方法如下：

a. 使用时先打开控制台上的总电源，流程板上的所有仪表会亮，PLC 处于工作状态。

b. 根据教学需要，选择切换开关的位置至"泵站油库"或"联合站"。即使用"泵站"时置于左侧，使用"联合站"时置于右侧。

c. 根据需要选择流程按钮。控制台上会有相应的指示灯亮，并且流程板上的指示灯会按照介质的流向依次点亮。

d. 在一个流程显示完成后，需要按下最右侧的复位按钮，关闭所有指示灯，准备显示下一个流程。

e. 实验结束后，关闭总电源。

②原油管道泵站流程演示

本软件可以以流程板同样的方式来显示泵站内的主要流程。每台计算机上都已安装，每个学生可以自由操作。

使用时，双击桌面上的力控 6.0 图标打开力控系统，选择"管道泵站"项，点击工具栏上的运行按钮即可运行。在界面上可自行选择相应的流程按钮。使用完毕后，按"退出"按钮退出运行。然后选择力控的进程管理器窗口的"监控"菜单的"退出"命令退出力控系统。

（2）操作实验

学生根据教师的演示操作，上机自由操作，熟悉原油管道泵站流程。

3.6 气-液两相流动模拟实验

两种或两种以上的流体同时流动叫两相流或多相流。在油田矿场集输系统中，原油-天然气两相流、原油-天然气-水等多相流动是极为常见的两相或多相流动，尤其以气液两相流动最为常见。两相混输管路在经济上往往优于用两条管路分别输送输量不大的原油和天然气，因而在油田的地面集输系统中，混输管路的应用日益广泛。在某些特定环境下，混输管路更有单相管路不可比拟的优点，例如，在不便于安装油气分离、初加工设备的地区（城市地区、沙漠、湖泊、生态保护区、沼泽地等），就必需采用混输管路把油井所产油气输送至附近的工业区进行加工。又如近海石油开采、海洋油气开采中，采用油气混输管路就可大大降低建造和生产成本。因此，目前混输技术已成为一种新型管输工艺，取得了许多阶段性成果。但由于混输管路的流动状态极为复杂，迄今为止，尚未得到计算精度较高、技术比较成熟的计算方法。整体水平尚处于研究探索阶段。

多相流混输管线的工艺计算主要包括流型判别、持液率和压降计算，其中流型判别和持液率计算是压降计算的基础。实验表明，在相同质量流量下，不同流型下的流动阻力可以变化几倍甚至几十倍，因此两者的研究对于混输工艺研究有着非常重要的意义。

在气-液混输管路研究中，根据管段内气液比有小到大将两相流分为 7 种流型：气泡流、气团流、分层流、波浪流、段塞流、环状流和弥散流。实验观测流型是一种较为直观的流型研究方法。

持液率，又称真实含液率或截面含液率，它是指在水气两相流动过程中，液相的过流断面面积占总过流面积的比例。

3.6.1 实验目的

（1）通过实验、观察气液两相流的各种流型；

(2)掌握管段压降和截面含液率的测量方法；

(3)测量水平和倾斜气液两根管路的压降和截面含液率；

(4)分析和探讨影响两相流动中流型、截面含液率及压降的各种因素。

3.6.2　实验装置及实验原理

气液两相流实验是在多相流实验平台上进行的。该平台设施主要有：水罐、离心泵、空压机、卧式分离器、带有旋转支架的实验管段、观察管段、涡轮流量计、压力表、温度计、快速切断阀、调节阀、混合器和 MCGS 自动控制系统等组成。机泵、快速切断阀、加热器等设备的启停，运行参数(流量、压力、温度)的采集储存和变化曲线等，可以通过 MCGS 自动控制系统来实现。

来自压缩机和空气罐的空气经过测定压力、温度、流量后进入混合器中与来自离心泵、并经过计量后的水混合；然后，气液相流体先进入到水平测试管段，经可调倾角的下、上坡测试管段；最后进入分离罐，空气从分离罐上方排出，水从分离器底部流出进水罐循环使用。其流程示意图见图 3 – 10。

实验的气液比例可以通过阀门进行调节，管内流型可以通过实验管段上的玻璃管来进行观察。实验管段的压降可以通过压力表或者压力传感器的数据进行测量计算，截面含液率(管内放出水的质量与管内充满水的质量之比)可以通过称重法来测量计算得到，即通过快速切断阀，同时快速地关闭实验管段两端阀门，放出并计量截留在管内的液体量，并与实验管段总体积进行比较，从而计算出截面含液率。

3.6.3　实验步骤

(1)熟悉装置，了解整套试验系统的整体布局、组成和主要仪器仪表及设备。

(2)看懂工艺流程图，掌握多相流试验平台各种工艺流程及不同流程间的切换方法。掌握各种输送机械和分离设备的启动、运行、调节和停止的操作步骤和过程。

(3)向水灌中进水使液位保持在规定高度。打开水罐、分离器的放空阀，关闭排水阀。

(4)打开主控电源总开关，检查电气及控制线路，使其处于正常状态。

(5)打开主机电源，启动 MCGS 自动控制系统，检查和调整各种仪器仪表显示和控制情况，校验初始值，使其处于正常待机状态。

(6)将卧式分离器的液位调节到 5cm 以下。经教师确认后，开启快速切断阀，再开启水泵。实测 $Q_g = 0$ 时的数据。

(7)密切注意并严格控制卧式分离器的液位和压力。通过放水阀的开闭使液位控制在 5 ~ 10cm 范围内最佳。通过放气阀的开闭使压力保持在 0.10MPa 处。

(8)开启压缩机，调节出口阀，始终使流量计前置压力表读数控制在 0.3 ~ 0.5MPa 范围内。

(9)打开调节比例混合器前置气体调节阀，使气体流量在 400 mL/h 左右时。

(10)观察流型，并对观察到的流型进行描述和分析。测定并记录实验数据。

(11)再调节比例气体调节阀，使气体流量在 800 mL/h 左右时，测定并记录实验数据。

(12)在不停机的情况下，支起试验架，调整好高度后，分别实测气体流量在 800 mL/h、400mL/h 和 0 时的工艺参数，做好记录。

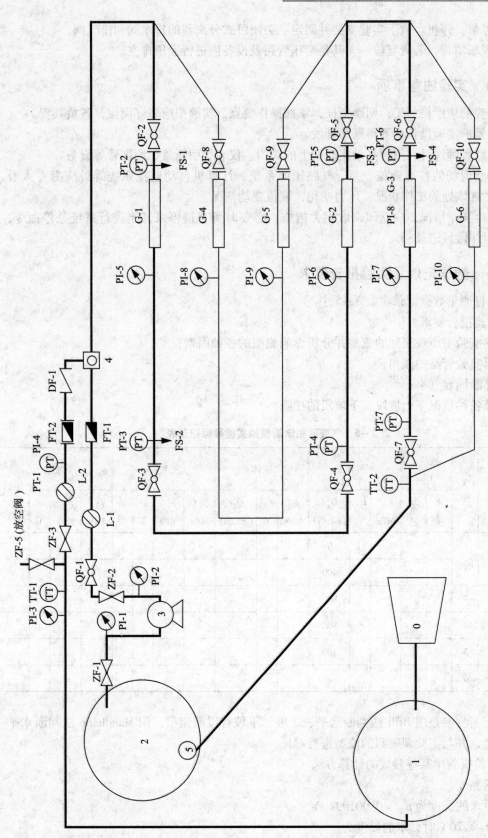

图3-10 气液两相流实验装置流程图

0—空气压缩机；1—空气罐；2—水罐；3—离心泵；4—气液混合器；5—气液分离罐；L—过滤器；G—观察管；
FT1—液体流量计；FT2—气体流量计；PI—压力表；PT—压力传感器；TT—温度传感器；FS—流量传感器；ZF—闸阀；QF—球阀。

(13)停泵，停机。放下实验支架并固定。关闭卧式分离器的排水阀和排气阀。

(14)现场清理，装置复位，尤其是带压管路及设备应进行泄压排空。

3.6.4　实验注意事项

(1)实验前应严格分工，明确责任，掌握操作要点。实验中应坚守岗位，各负其责。

(2)要爱护实验设备，不得踩踏管线。

(3)未经教师许可，不得乱动实验架上的阀门、仪表、引压管、测区管等设备。

(4)试验现场的各灌液位、泵、气路压缩系统、计算机自动监控系统等处应有专人看护，密切注意该处的工作状况，压力变化，液位变动情况。

(5)发生异常情况，应立即采取相关措施，必要时可直接停泵甚至进行系统急停命令，应分析原因并做好记录。

3.6.5　数据记录及实验报告要求

(1)请将测量数据记录在表3-5中。

(2)实验报告要求

①简述实验中所观察到的流型并分析影响流型的各种因素；

②计算实验管路的倾角；

③计算断面含气率；

④计算各种情况下上坡段、下坡段的压降。

表3-5　气液两相流动模拟实验数据记录表

管路状态	支起高度/m	次序	液位/cm		气体			液体			上坡段				下坡段			
			水罐	分离器	p_g/MPa	t_g/℃	Q_g/(mL/h)	p_1/MPa	t_1/℃	Q_1/(mL/h)	p_1/MPa	p_2/MPa	t/℃	流型	p_3/MPa	p_4/MPa	t/℃	流型
水平		1					0											
		2					400											
		3					800											
倾斜		4					800											
		5					400											
		6					0											

⑤根据实测参数用 Brill 法判断水平、上坡、下坡管段的流型，用 Mandhane 法判断水平管段的流型，并与实验观察到的流型进行对比。

(3)实验报告中某些参数的计算方法

①水的黏度

20℃时水的黏度为 $\mu_{20} = 0.001002\ \mathrm{Pa \cdot s}$。

0℃ $< t <$ 20℃时，水的黏度为

$$\mu_t = \mu_{20} \cdot 10^{\left[\frac{1301}{998.333 + 8.1855(t-20) + 0.00585(t-20)^2} - 1.30233\right]} \qquad (3-8)$$

$20℃ < t < 100℃$ 时，水的黏度为

$$\mu_t = \mu_{20} \cdot 10^{\left[\frac{1.3272(20-t) - 0.001053(t-20)^2}{t+105}\right]} \qquad (3-9)$$

②气体流量和密度的计算

气体流量是在 p_1、t_1 条件下，由气体涡轮流量计测得。把实测气体量换算为实验测试管段压力、温度条件下的气体流量需应用气体状态方程。为此，需把表压换算成绝对压力、温度换算成绝对温度。

在标准大气压、0℃下，空气的密度为 1.293 kg/m³。据此，可用状态方程求得测试管段平均压力及温度条件下的空气密度。

③气体黏度

测试条件下，空气黏度与管路压力关系不大，只和温度有关，可近似用式(3-10)估算：

$$\mu_g = [184 + 0.43 \times (T - 300)] \times 10^{-7} \quad Pa \cdot s \qquad (3-10)$$

式中 T——管段绝对温度，K。

④按布里尔法确定流型时，需要水-空气表面张力数据，可按式(3-11)计算：

$$\sigma = (75.831 - 0.15568t) \times 10^{-3} \quad N/m \qquad (3-11)$$

式中 t——管段温度，℃。

⑤管段粗糙度：液体管壁绝对当量粗糙度取 0.1mm，气管取 0.05mm。

⑥截面含液率

由洛-马参数求截面含液率，可按式(3-12)计算：

$$H_L = 0.1461 + 1.1639\ln X + \frac{0.08}{X} + \frac{0.0273}{X\ln X} + \frac{0.001095}{X^2} \qquad (3-12)$$

⑦测试管段的平均压力取各管段首尾压力平均值。

⑧管段平均截面含液率

$$H_L = \frac{管段放出水质量}{管段体积 \times 水密度}$$

3.6.6 思考题

(1)实验中共观察到哪几种流型？简述各自的现象和特征。

(2)在气液比例一定的情况下，观察到的流型稳定吗？分析影响流型的各种因素。

(3)实验过程中，为什么要严格控制卧式分离器的液位和压力？各是通过什么方式进行控制和调节的？

(4)实验中，为什么要严格控制气体的流量和压力？各是通过什么方式进行控制和调节的？

(5)绘制实验流程框图，并标注各主要部件的名称。

3.7 油库仿真教学系统

随着科技的进步，企业在生产过程中越来越多地采用自动化控制系统来提高其生产的管

理水平和精度，油库自然也不例外。本次实验要用到的"油库仿真教学系统"是在力控平台上开发出来的(力控为一种通用的工业组态软件，大量应用于工业自动化系统)。通过仿真模拟实验，操作者可以切身体验生产实际的操作场景，模拟油库的主要工作流程，可以对油库的主要工作内容有比较清晰的认识，加深对油库工艺流程的认识。

3.7.1 实验目的

(1)熟悉油库的常用流程；

(2)了解油库的实际工作内容和程序；

(3)了解油库常用的自动化控制系统。

3.7.2 实验设备

(1)硬件设备：流程演示板、控制台、单机。

(2)软件：力控6.0。

3.7.3 实验内容

(1)演示实验

①流程演示板演示

流程的显示选择由控制台上的相应按钮操作。操作方法如下：

a. 使用时先打开控制台上的总电源，流程板上的所有仪表会亮，PLC处于工作状态。

b. 根据教学需要，选择切换开关的位置至"泵站油库"。

c. 根据需要选择流程按钮。控制台上会有相应的指示灯亮，并且流程板上的指示灯会按照介质的流向依次点亮。

d. 在一个流程显示完成后，需要按下最右侧的复位按钮，关闭所有指示灯，准备显示下一个流程。

e. 实验结束后，关闭总电源。

②油库仿真教学系统演示

力控6.0软件可以以与流程板同样的方式来显示成品油库内的主要流程，并可以模拟油库日常工作的主要程序。

使用时，双击桌面上的力控6.0图标打开力控系统，选择"油库仿真教学"项，点击工具栏上的运行按钮即可运行。在界面上可自行选择相应的流程按钮。使用完毕后，按"退出"按钮退出运行。然后选择力控的进程管理器窗口的"监控"菜单的"退出"命令退出力控系统。

具体的操作过程见附录四(成品油库仿真系统操作说明)。

(2)操作实验

①学生根据教师的演示，熟悉及油库仿真教学系统；

②按要求完成教师指定操作，并提交。

3.7.4 思考题

(1)油库中用来检验汽油质量的几个指标是什么？

(2)油库中用来检验柴油质量的几个指标是什么？

(3)油库向汽车油罐车进行发油作业前，应做好哪几项准备工作？为什么？

3.8 油品"小呼吸"蒸发损耗模拟测量实验

3.8.1 实验目的

(1)通过实验对油罐由于温度变化引起的小呼吸损耗有感性认识，初步了解罐内温度和油气浓度分布规律；

(2)通过实测的蒸发损耗量来验证小呼吸损耗的理论计算公式，掌握计算蒸发损耗的方法；

(3)学习实测方法，学会使用有关仪器，培养科学实验的工作作风。

3.8.2 实验内容及原理

(1)温度和油气浓度分布规律的测量

本实验通过在油罐气体空间取3个测量点，在油品中取一个测量点来了解温度分布规律。在气体空间设3个取样点来了解油气浓度分布规律。由于模型油罐气体空间较小，测点少，因此所测数据不能很好反应温度和油气浓度分布规律，仅作参考。

(2)蒸发损耗量的测量

本实验用量气法测定油罐的小呼吸损耗，这是测定蒸发损耗的方法之一，即用气体流量计直接测出油罐呼出气体的体积 Q，再用奥氏气体分析仪测量出气体中所含油品蒸气的浓度 C，查油蒸气的密度 ρ，就可以通过公式 $G = QC\rho$ 计算蒸发损耗量。

根据气体空间中点温度和油气浓度的测定，利用小呼吸损耗的理论公式计算损耗量，并与实测结果进行对比。

3.8.3 实验装置

小呼吸蒸发损耗实验装置主要由油罐模型、奥氏气体分析仪、水浴、太阳灯、气体流量计等组成(各装置的组成及使用方法见附录五)。装置示意图如图3-11所示，将油罐模型和湿式气体流量计、奥式气体分析仪、液压呼吸阀用胶管连接起来，保持其连接的气密性。将温度探针连接到温度巡检仪。向油罐内装入汽油，即可开始进行实验。

3.8.4 实验步骤

本实验在利用公式计算时，要用到 Q、C、T、P 这些参数。为了测定这些数据，具体实验步骤如下：

(1)测定原始状态即未呼出气体时罐内温度、压力和油气浓度。在未打开太阳灯前，依次从温度巡检仪读出油气空间上、中、下以及油品的温度 t_0 值，并从压差计读出罐内压力 P_0，同时用奥氏气体分析仪从罐内3个点的气样进行分析，分别求出3个点的浓度 C_0。

（2）打开太阳灯进行加热，注意罐内温度、压力变化。当压力达到某一数值时，从呼吸阀冒出第一个气泡，认为此时为起始状态。记下气体流量计的读数 Q_1，这时应马上记录油气空间上、中、下以及油品的温度 t_1 值和罐内压力 p_1 值。同时马上对该状态下的中点气样进行浓度分析，求出 C_1。

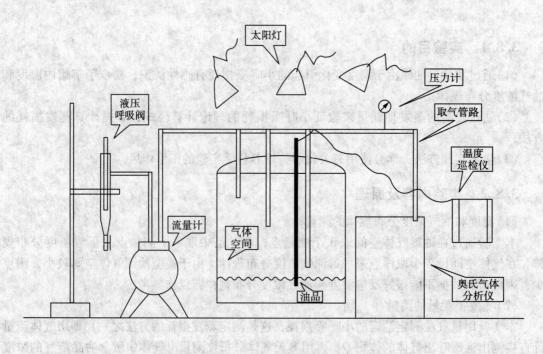

图 3-11　"小呼吸"损耗实验装置示意图

（3）当气体空间中点温度达到某一数值时，假定此时为呼出终了状态。读出气体流量计的数值 Q_2，这时应马上记录油气空间上、中、下以及油品的温度 t_2 和罐内压力 p_2。同时马上采取该状态下的中点气样进行浓度分析，求出 C_2。

3.8.5　实验数据记录及处理

（1）数据记录

将实验数据依次记录于表 3-6 中。

（2）分析仪分析的油气浓度 C

$$C = \frac{\Delta V}{V_1} + \frac{p_s + p_m}{p_a} \frac{V_2}{V_1} \qquad (3-13)$$

式中　V_1——取样体积；

　　　V_2——剩余体积；

　　　ΔV——气体体积变化量，$\Delta V = V_1 - V_2$；

　　　p_a——当地大气压；

　　　p_s——水的饱和蒸气压；

　　　p_m——煤油的饱和蒸气压。

水和煤油的蒸气压与温度之间的关系见表 3-7。

表3-6　"小呼吸"蒸发损耗实验数据记录表

测量次序	气体空间和油品温度				压力	流量计读数	密度	气体体积变化量			封液温度			冲洗取样次数
	$t_{油}/$ ℃	$t_{下}/$ ℃	$t_{中}/$ ℃	$t_{上}/$ ℃	$P/$ mmH$_2$O	$Q/$ L	$\rho/$ (g/L)	$\Delta V_{下}/$ mL	$\Delta V_{中}/$ mL	$\Delta V_{上}/$ mL	$t_{下}/$ ℃	$t_{中}/$ ℃	$t_{上}/$ ℃	$N/$ 次
0														
1														
2														

油罐液位高度 $h =$ ＿＿＿＿＿＿ mm。

表3-7　介质温度和蒸气压之间的关系

	温度/℃	0	10	20	30	40
蒸气压	煤油	6.62	10.3	20.6	30.9	51.5
	水	4.4	8.82	17.6	31.6	55.1

注：表中蒸气压单位为 mmHg。

（3）实测损耗量的计算

$$G_1 = Q\bar{\rho}\,\bar{C} + \Delta Q\,\bar{\rho}'\,\bar{C}' \tag{3-14}$$

式中　Q——油罐呼出的气体体积；

ΔQ——冲洗和分析完排入大气的体积；

$\bar{\rho}$——起始状态和终了状态油蒸气密度的平均值，$\bar{\rho} = (\rho_1 + \rho_2)/2$；

$\bar{C}$——起始状态和终了状态油蒸气浓度的平均值，$\bar{C} = (C_1 + C_2)/2$；

$\bar{\rho}'$——原始状态和终了状态油蒸气密度的平均值，$\bar{\rho}' = (6\rho_0 + 2\rho_1 + 2\rho_2)/10$；

$\bar{C}'$——原始状态和终了状态油蒸气浓度的平均值，$\bar{C}' = (6C_0 + 2C_1 + 2C_2)/10$。

油蒸气的密度按照式（3-15）计算

$$\rho = M_y p_a / RT \tag{3-15}$$

式中　M_y——油品的相对分子质量；

R——通用气体常数；

T——绝对温度。

（4）理论损耗值的计算

$$G_2 = V\left[(1 - C_0)\frac{p_0}{T_0} - (1 - C_2)\frac{p_2}{T_2} \right]\frac{\bar{C}}{1 - \bar{C}}\frac{M_y}{R} \tag{3-16}$$

式中　V——油罐气体空间体积；

$\bar{C}$——油蒸气浓度平均值，$\bar{C} = (C_1 + C_2)/2$。

（5）误差分析

根据式（3-17）计算相对误差

$$\delta = \frac{G_1 - G_2}{G_1} \times 100\% \tag{3-17}$$

（6）油气浓度分布曲线

做出实测所得各测点的油气浓度沿高度上的分布曲线，如图3－12所示。

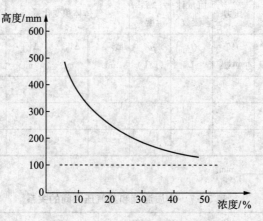

图3－12　油气浓度分布示意图

3.8.6　思考题

（1）分析实验及计算过程中，哪些因素会导致产生误差。

（2）实验条件下，要克服模型油罐的小呼吸损耗应设计一个多大压力的液压呼吸阀？

（3）根据实验原理推导出油蒸气浓度 C 的计算公式。

第4章 燃气输配工艺相关实验

城市配气管网是将门站(接收站)的天然气输送到各储气点、调压站、天然气用户，并保证沿途输气安全可靠。要保证所设计的管网系统能够达到这一要求，必须对输气管线及其重要设备的特性、管网水力工况、工作可靠性，以及相关的水力计算等做充分的研究。

4.1 枝状燃气管网的水力工况

4.1.1 实验目的

(1)使学生了解枝状管网中不同用户处的压力分布情况；
(2)能绘制不同工况下枝状管网的压力曲线。

4.1.2 实验装置

枝状燃气管网水力工况实验装置流程图如图4-1所示。该实验装置用来模拟枝状管网中不同用户处的压力分布、管网压力变化下不同用户处的压力变化，以及在管网起点压力一定的情况下管网中各点压力随负荷的变化关系。实验中以压缩空气代替燃气，以4条分支管线模拟不同连接点处的用户。开启风机，压缩空气即可通过缓冲罐流向各条分支管线。通过调节阀和放空阀来维持管网的起点压力为定值，分别测得各用户与管网入口压力以及用户处的压力，就可以得到管网中的压力分布曲线。

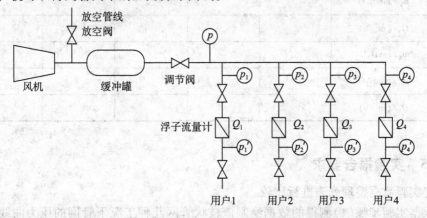

图4-1 枝状燃气管网水力工况实验装置示意图

4.1.3 实验步骤

(1)开启风机，打开放空阀及各用户分支管线上的阀门。
①逐渐打开调节阀，使其中最大读数的流量计达到其量程的1/4(工况1)；稳定后，分别记录各用户的流量、管网入口压力以及各用户处的压力。

②再逐渐打开调节阀,使其中最大读数的流量计达到其量程的 2/4、3/4、4/4(分别为工况 2、工况 3、工况 4),稳定后,再分别记录各用户的流量、管网入口压力 P 以及各用户处的压力。注意:阀 1 的开启程度不能使各浮子流量计的读数超过其量程范围。

(2)关闭用户 1、用户 2 的阀门(工况 5),以改变管网中的负荷;同时调节调节阀和放空阀,以使管网入口压力值 P 保持不变。观察并记录此时各用户的流量、管网入口压力以及各用户的压力,填入表 4 - 1,绘制出变化后的压力曲线。

4.1.4 数据记录

表 4 - 1 各点压力及流量数据表

测量结果 \ 工况		工况 1 (1/4 量程)	工况 2 (2/4 量程)	工况 3 (3/4 量程)	工况 4 (4/4 量程)	工况 5 (关闭用户 1、用户 2 阀门)
干线	p/mmH_2O					
用户 1	p_1/mmH_2O					
	$p_1{}'/mmH_2O$					
	$Q_1/(m^3/h)$					
用户 2	p_2/mmH_2O					
	$p_2{}'/mmH_2O$					
	$Q_2/(m^3/h)$					
用户 3	p_3/mmH_2O					
	$p_3{}'/mmH_2O$					
	$Q_3/(m^3/h)$					
用户 4	p_4/mmH_2O					
	$p_4{}'/mmH_2O$					
	$Q_4/(m^3/h)$					

4.1.5 实验报告要求

(1)将实验数据整理列表进行比较。

(2)根据实验步骤(1)测得的数据绘制该枝状管网几种工况下管网的压力曲线、流量曲线,计算各用户的压力降利用系数;分析管网中负荷变化时,各用户处压力的波动范围。

(3)计算 4、5 两种工况下的总流量,比较管网中的压降与流量之间的关系。

4.1.6 注意事项

(1)调节过程中,各用户的流量不能超过浮子流量计的量程;

(2)工况 5 的调节过程中,尽量保持管网的起点压力 P 为定值。

4.2 输气管和调压器特性曲线

输气管的特性曲线指的是管线压力与流量之间的变化关系曲线，在进行输气管道设计中有着重要的作用。

调压器是在输气管道系统中保障下游压力稳定的重要设施，因此，理想的调压器特性曲线应该是出口压力不随流量变化而变化的，当然实际的调压器是不可能完全达到这一点的。也就是说通过测量调压器实际的特性曲线，就可以反映出其工作性能的优劣。

4.2.1 实验目的

(1)学会测定输气管线的压力分布曲线，并研究管长、起终点压力等基本参数对输气量的影响；

(2)熟悉输气管网实验装置的使用方法，掌握实验的调节方法；

(3)观察管线泄漏后全线压力、流量的变化情况；

(4)了解调压器的工作原理，并绘制调压器工作特性曲线。

4.2.2 实验线路介绍

实验所用装置为输气管和燃气管网装置，该装置及实验注意事项见附录六。

(1)输气管流程调节实验线路：

①线路1：起点缓冲罐T0→A→B→X→Y→N→M→L→Z→稳压罐T1，途经的重要仪器有：起点调压器，阀门：VT02、VT04、VT06、VL2、VL21、VL14、VL18、VT13、VT11，流量计：QT0，压力传感器：PT02、PL1、PL3、PL8、PT1。总长：152.485m；总局部阻力系数：148.5。

②线路2：起点缓冲罐T0→A→B→C→D→E→F→G→H→I→N→M→L→Z→稳压罐T1，途经的重要仪器有：起点调压器，阀门：VT02、VT04、VT06、VL2、VL20、VL12、VL16、VL18、VT13、VT11，流量计：QT0，压力传感器：PT02、PL1、PL11、PL10、PL7、PL6、PL5、PL4、PL3、PL8、PT1。总长：180.935m；总局部阻力系数：156.5。

③线路3：起点缓冲罐T0→A→B→C→D→E→F→G→H→I→J→K→X→Y→N→M→稳压罐T4，途经的重要仪器有：起点调压器，阀门：VT02、VT04、VT06、VL2、VL20、VL12、VL11、VL4、VL14、VT43、VT41，流量计：QT0，压力传感器：PT02、PL1、PL11、PL10、PL7、PL6、PL5、PL4、PL2、PL12、PL3、PT4。总长：175.155m；总局部阻力系数：160.5。

④线路4：起点缓冲罐T0→A→B→C→D→E→F→G→H→I→J→K→L→M→稳压罐T4，途经的重要仪器有：起点调压器，阀门：VT02、VT04、VT06、VL2、VL20、VL12、VL11、VL4、VL22、VT43、VT41，流量计：QT0，压力传感器：PT02、PL1、PL11、PL10、PL7、PL6、PL5、PL4、PL2、PL12、PL9、PL3、PT4。总长：196.145m；总局部阻力系数：180.5。

⑤线路5：起点缓冲罐T0→A→B→C→D→E→F→G→H→O→稳压罐T3，途经的重要仪器有：起点调压器，阀门：VT02、VT04、VT06、VL2、VL20、VT33、VT31，流量

计：QT0，压力传感器：PT02、PL1、PL11、PL10、PL7、PL6、PL5、PL4、PT3。总长：103.045m；总局部阻力系数：100.5。

（2）压缩机的启动方法

先打开冷却水，压缩机再通电开机，待压缩机启动后，慢慢打开压缩机的进气阀。（注意：实验时应先开压缩机。）

4.2.3 实验原理

（1）输气管流量以及基本参数对流量的影响

由水平输气管威莫斯公式：

$$Q = 0.3967 D^{8/3} \sqrt{\frac{p_Q^2 - p_Z^2}{Z \Delta T L}} \tag{4-1}$$

式中　Q——输气管在工程标准状态下的体积流量，m^3/s；

　　　p_Q——输气管计算段的起点压力，Pa；

　　　p_Z——输气管计算段的终点压力，Pa；

　　　D——输气管内径，m；

　　　Z——天然气在管输条件（平均压力和平均温度）下的压缩因子；

　　　Δ——天然气的相对密度；

　　　T——输气温度，$T = 273.15 + t$（t 为输气管的平均温度），K；

　　　L——输气管计算段的长度，m。

在设计和生产上通常采用工程标准状态（压力 $p = 1.01325 \times 10^5 Pa$，温度 $T = 293K$）下的体积流量 Q，本实验采用空气作为介质，$Z = 1$，$\Delta = 1$，管径 $D = 0.025m$，因此，式（4-1）可变为：

$$Q = 0.3967 \times 0.025^{8/3} \sqrt{\frac{p_Q^2 - p_Z^2}{T L}} \tag{4-2}$$

由此可得：

①长度（或站间距）对流量的影响：$Q \propto (1/L)^{0.5}$，输气管的流量与管长的 0.5 次方成反比。管长减少一半（或倍增站间距），则输气量会增加 $2^{0.5} = 1.414$ 倍，即输气量将提高 41%。

②起终点压力对流量的影响：$Q \propto (p_Q^2 - p_Z^2)^{0.5} = (p_Q - p_Z)^{0.5} \times \Delta p^{0.5}$，提高 p_Q 或降低 p_Z 都可以增大输气量，但效果不同。p_Q 和 p_Z 同样变化 Δp 时，提高 p_Q 比降低 p_Z 有利；如果起、终点压差 Δp 不变，同时提高起终点压力，也能增大输气量，即高压输气比低压输气有利。

（2）输气管沿线压力分布

设输气管 AB，长为 L，起、终点压力分别为 p_Q 和 p_Z，设其上一点 M 的压力为 p_x，AM 段长为 x，输气管流量为 Q，AM 段与 MB 段流量分别用式（4-3）和式（4-4）表达，即

$$AM \text{ 段流量 } Q = C_0 D^{8/3} \sqrt{\frac{p_Q^2 - p_x^2}{Z \Delta T x}} \tag{4-3}$$

$$MB \text{ 段流量 } Q = C_0 D^{8/3} \sqrt{\frac{p_x^2 - p_Z^2}{Z \Delta T (L - x)}} \tag{4-4}$$

两段流量相等，得

$$\frac{p_Q^2 - p_x^2}{x} = \frac{p_x^2 - p_Z^2}{L - x} \qquad (4-5)$$

即

$$p_x = \sqrt{p_Q^2 - (p_Q^2 - p_Z^2)\frac{x}{L}} \qquad (4-6)$$

式(4-6)说明输气管压力 p_x 与 x 的关系为一抛物线。

(3)输气管的泄漏

①泄漏点以前的流量将升高，大于原来的正常流量；泄漏点以后的流量将下降，小于原来的正常流量，而且泄漏量越大流量变化越明显；

②全线压力会下降，愈接近泄漏点下降越多。

(4)调压器的工作原理和特性

①工作原理：当出口的用气量增加和入口处压力降低时，出口压力下降造成薄膜(即敏感元件)上下压力不平衡，此时薄膜下降，阀门开大，流量增加，是压力恢复平衡状态。反之亦然。可见，无论用气量及出口压力如何变化，调压器总能自动的保持稳定地供气压力。

②特性：调压器的过流能力取决于阀门的面积、阀门前后压力降及气体的性质。通过调压器阀孔的流量随调压器出口压力 p_2 与进口压力 p_1 之比而变化。

4.2.4 实验步骤

(1)管长对输气量的影响及输气管沿线压力分布

①熟悉实验装置，包括管路的走向，各阀门、流量计、压力传感器的位置，调整阀门开关成线路 1 的流程，即打开 VT02、VT04、VT06、VL2、VL21、VL14、VL18、VL13、VT11，其他阀门全关闭。

②打开冷却水，压缩机通电开机，待压缩机启动后，慢慢打开压缩机的进气阀。

③稳定后，调节调压器出口压力为 250kPa，调节稳压罐 T1 的出口阀，保持罐内压力为 100kPa，稳定后读数。

④保持调压器出口压力不变，打开阀门 VL20、VL12、VL16、VL18，关闭阀门 VL21、VL14，调整成线路 2 的流程，调节稳压罐 T1 的出口阀，保持罐内压力为 100kPa，稳定后读数。

⑤保持调压器出口压力不变，打开阀门 VL11、VL4、VL14、VT43、VT41，关闭阀门 VL16、VL18、VT13、VT11，调整成线路 3 的流程，调节稳压罐 T4 的出口阀，保持罐内压力为 100kPa，稳定后读数。

⑥保持调压器出口压力不变，打开阀门 VL22、VL18，关闭阀门 VL14，调整成线路 4 的流程，调节稳压罐 T4 的出口阀，保持罐内压力为 100kPa，稳定后读数。

⑦保持调压器出口压力不变，打开阀门 VT33、VT31，关闭阀门 VL12、VL11、VL4、VL22、VL18、VT43、VT41，调整成线路 5 的流程，调节稳压罐 T3 的出口阀，保持罐内压力为 100kPa，稳定后读数。

(2)起终点压力对输气量的影响

①打开阀门 VL12、VL11、Vl4、VL22、VL18、VT43、VT41，关闭阀门 VT33、VT31，调

整成线路 4 的流程，保持 T4 罐内压力为 100kPa，依次调整起点压力 PT02 为 190kPa、220kPa、240 kPa、260 kPa、280 kPa，并待稳定后记录数据。

②利用线路 4 流程，调节调压器，使其出口压力 PT02 保持在 250kPa，调节稳压罐 T4 出口阀，依次调整罐内压力为 160kPa、130kPa、100kPa、60kPa、30kPa，并待稳定后记录数据。

（3）输气管的泄漏

①在线路 4 的基础上，打开阀门 VT24、VT22、VT21，并调节 T2 罐内压力为 100kPa，稳定后记录数据。

②打开阀门 VT54、VT52、VT51，使管线出现泄漏，保持 T2 罐内压力为 100kPa，逐渐关小阀门 VT51 的开度，每调整一次记录一次数据（记录 3～5 组数据）。

（4）调压器特性实验

①关闭阀门 VT24、VT22、VT21、VT54、VT52、VT51，形成线路 4 流程，在调压器进口压力稳定地情况下，调节调压器调节阀，每调节一次记录一次数据（记录 3～5 组数据）。

②调节调压器，使其出口压力 PT02 为 100kPa 左右，稳定后开始记录数据，过程中逐渐关小阀门 VT02 直至关闭，停止记录，然后打开阀门 VT02。

③调节调压器，使其出口压力 PT02 为 100kPa 左右，稳定后开始记录数据，过程中由小到大迅速调节调压器达到流量突变，待稳定后停止记录。

④调节调压器，使其出口压力 PT02 为 280kPa 左右，稳定后开始记录数据，过程中由大到小迅速调节调压器达到流量突变，待稳定后停止记录。

⑤实验完毕，关闭压缩机进气阀，切断电源，然后关闭冷却水，最后关闭所有阀门。

4.2.5　实验报告要求

（1）将实验数据整理列表进行比较；

（2）分别在直角坐标纸上绘出 $Q-[1/\sqrt{L'}]$ 的曲线和 p^2-x 曲线，看是否为一条直线；如不是，则用最小二乘法回归，并分析实验误差。

（3）将起终点压力对输气量的影响画成曲线，看曲线斜率的大小，比较其随流量影响的大小，并取相同段进行分析。

（4）绘制调压器特性曲线 $Q-p_2/p_2$。

（5）比较输气管泄露前后管线压力和流量的变化情况（用数据分析说明）。

4.2.6　实验预习要求

（1）了解实验目的，实验原理和实验内容。

（2）对照实验流程图与实验装置，弄清楚管线的走向，压力传感器、流量计、阀门以及调压器等重要设备的位置和编号。

（3）了解实验操作注意事项。

（4）弄清需要记录及计算的数据有哪些并绘制出相应的数据表。包括：管线沿线压力数据记录表，管长对输量影响数据记录表，终点压力不变时、流量随起点压力变化数据记录表，起点压力不变时、流量随终点压力变化数据记录表，输气管泄露实验数据记录表。

4.3 燃气管网水力工况和水力可靠性实验

燃气管网是城市燃气系统中重要的组成部分，其可靠运作对于充分发挥整个燃气系统的经济效益与社会效益起着举足轻重的作用。管网发生水力故障是影响燃气管网供气可靠性的主要因素之一。因此，研究燃气管网水力工况及其水力可靠性对于保障燃气管网的正常运行有着十分重要的意义。

4.3.1 实验目的

(1)了解燃气管网的水力工况；
(2)知道提高燃气管网水力可靠性的途径，明白压力储备的具体含义；
(3)学会燃气管网水力可靠性的分析方法；
(4)通过实验，比较枝状管网与环状管网各自的水力特点和优缺点。

4.3.2 实验线路介绍

实验所用装置为输气管和燃气管网装置，该装置及实验注意事项见附件六。

管网供气点为 A，泄漏点为 B、E、F。

(1)环网：起点缓冲罐 T0→A→B→C→D→E→F→G→H→O→A，途径重要仪器有：起点调压器，阀门：VT02、VT04、VT06、VL2、VL20、VL9，流量计：QT0，压力传感器：PT02、PL1、PL11、PL10、PL7、PL6、PL5、PL4。

(2)用户1：B→X→Y→N→M→稳压罐 T4，途径的重要仪器有：阀门：VL21、VL14、VT44、VT42、VT41，流量计：QT4，压力传感器：PL3、PT4。

(3)用户2：E→稳压罐 T6，途径的重要仪器有：阀门：VT64、VT62、VT61，流量计：QT6，压力传感器：PL6、PT6。

(4)用户3：F→稳压罐 T5，途径的重要仪器有：阀门：VT54、VT52、VT51，流量计：QT5，压力传感器：PL5、PT5。

4.3.3 实验原理

当管网为低压管网、系统起点压力为定值时，计算工况下管网起点压力、各用户燃具前的压力和管道压力降的关系式为：

$$p_1 = p_b + \beta \Delta p \tag{4-7}$$

在任意用气工况时上式可写为：

$$p_1 = p_b + \beta \Delta p_p \tag{4-8}$$

管道压力降和流量的关系如下：

$$\frac{\Delta p_p}{\Delta p} = \left(\frac{Q_p}{Q} \right)^{1.75} = x^{1.75} \tag{4-9}$$

由式(4-4)和式(4-5)可得：

$$p_1 = p_b + x^{1.75} \beta \Delta p \tag{4-10}$$

式中 β——压降利用系数；

Q——管道计算流量；

Δp——管道计算压力降；

Δp_p——$\beta = 1$ 时管道内任意流量下的压力降；

x——流量比，$x = \dfrac{Q_p}{Q}$；

p_1——管网起点压力；

p_b——用户燃具前压力。

由式(4-7)可看出系统起点压力(即调压器出口压力)为定值时，随着某些用户负荷的增加，管道中实际压力降增加，沿线压力降低，由于本实验保证了用户燃具前压力为定值，所以其他未调整的用户流量将减少。

城市燃气管网通常设计为环状，以保证供气的可靠性。当个别管段发生事故时，各用户供气量的减少程度是不同的，若整个系统通过能力的减少是在许可的范围内，则该系统认为是可靠的。为保证各用户正常用气(即在事故工况下，各用户供气量应不小于正常工况下的70%)，应采取一定的措施来提高管网的水力可靠性。下面对等管径环路的水力可靠性进行分析。

高、中压管网水力计算公式为：

$$p_A^2 - p_B^2 = k\frac{l}{d^{5.25}}Q^2 = a_0 Q^2 \qquad (4-11)$$

式中 p_A、p_B——管段起点和终点的燃气压力；

k——与燃气性质有关的系数；

a_0——管段的阻抗。

在计算工况中，各管段的直径均为 d，长度均为 l，各管段的计算流量和节点流量如图 4-2(a)所示。管段 1→4→3 和管段 1→2→3 是对称的。

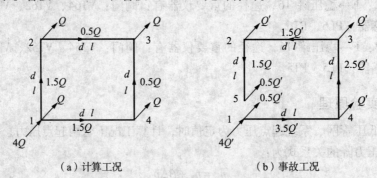

（a）计算工况　　　　　　　　（b）事故工况

图 4-2　等管径高、中压环网的计算简图

下面分析半环的压力损失：

$$p_2^2 - p_5^2 = a_0(0.5xQ)^2 = 0.25x^2 a_0 Q^2$$
$$p_3^2 - p_2^2 = a_0(1.5xQ)^2 = 2.25x^2 a_0 Q^2$$
$$p_4^2 - p_3^2 = a_0(2.5xQ)^2 = 6.25x^2 a_0 Q^2$$
$$p_1^2 - p_4^2 = a_0(3.5xQ)^2 = 12.25x^2 a_0 Q^2$$
$$p_1^2 - p_5^2 = (p_A^2 - p_B^2)_s = 21.00x^2 a_0 Q^2 \qquad (4-12)$$

式中　$(p_A^2-p_B^2)_s$——半环的压力损失。

如果计算工况和事故工况的起点压力和终点压力相同，则

$$(p_A^2-p_B^2)_1 = (p_A^2-p_B^2)_s$$

$$2.5a_0Q^2 = 21.00x^2a_0Q^2 = (p_A^2-p_B^2)_s$$

得出 $\qquad\qquad\qquad\qquad x = 0.345 \qquad\qquad\qquad\qquad\qquad (4-13)$

这就是说，在事故工况时，各用户的用气量和前端压力都会下降，但它们下降的比例不同，距离供气起点越远的用户，其用气量和前端压力下降就越多。因此，要保证系统用户用气量的可靠性，其解决办法是在系统中有一定的压力储备，以便在事故发生时，增加允许压力降，从而增加流量，使用户用气量不低于 70%，即所有用户的供气保证系数为 0.7。

4.3.4　实验步骤

(1)实验时先启动压缩机：打开冷却水，压缩机通电开机，待压缩机启动后，慢慢打开压缩机的进气阀。

(2)打开主干线上阀门：VT02、VT04、VT06、VL2、VL20、VT34、VT32、VT31，再分别打开用户 2、用户 4 的阀门。

(3)调节起点供气压力为 150kPa，再分别调节稳压罐 T2、T5 的出口阀，保持罐内压力为 100kPa。稳定后读取流量、压力数据。

(4)保持起点压力不变，打开用户 1 的阀门，调节出口阀，保持罐内压力为 100kPa。稳定后读取流量、压力数据。

(5)保持起点压力不变，先关闭用户 1 的出口阀，再打开用户 3 的阀门，调节出口阀，保持罐内压力为 100kPa。稳定后读取流量、压力数据。

(6)保持起点压力不变，再次打开用户 1 的出口阀，调节出口阀，保持罐内压力为 100kPa。稳定后读取流量、压力数据。

(7)改变供气起点的压力，重复做几组实验，记录数据。

(8)实验完毕，关闭压缩机进气阀，切断电源，然后关闭冷却水，最后关闭所有阀门。

4.3.5　实验报告要求

(1)将实验数据整理列表进行比较。

(2)分析正常工况下，调压器出口压力为定值时管网的水力工况。

(3)比较事故工况和正常工况下各用户流量以及各节点压力的变化多少。

(4)分析提高调压器出口压力时，各用户处流量的变化情况，理解并叙述压力储备的具体含义。

(5)针对该实验系统提出可行的提高管网水力可靠性的途径，并比较枝状管网和环状管网的水力特点。

4.3.6　实验预习要求

(1)了解实验目的、原理和内容。

(2)对照实验流程图与实验装置，弄清楚管线的走向，压力传感器、流量计、阀门以及调压器等重要设备的位置和编号。

(3)了解实验操作注意事项。

(4)弄清楚需要记录及计算的数据有哪些(包括:正常工况,事故工况和调压工况)。

4.4　天然气分配管道计算流量的确定

在进行城市天然气输配系统设计时,必须进行水力计算,其中分配管道流量的计算是非常重要的部分,同时计算也较为复杂。借助实验可以很好地给学生以直观的印象,帮助学生理解各流量的概念和计算方法,并可以利用测量结果对部分公式进行验证。

4.4.1　实验目的

(1)通过实验理解途泄流量、转输流量和计算流量的具体含义;

(2)学会用公式计算天然气分配管道的计算流量;

(3)验证计算流量与途泄流量、转输流量间的关系式,确定系数 α 值。

4.4.2　实验线路介绍

实验所用装置为输气管和燃气管网装置,该装置及实验注意事项见附件。

管网供气点为 A,途泄点为 B、C、E、F。

(1)主干线:起点缓冲罐 T0→A→B→C→D→E→F→G→H→O→稳压罐 T3,途径重要仪器有:起点调压器,阀门:VT02、VT04、VT06、VL2、VL20、VT34、VT32、VT31,流量计:QT0、QT3,压力传感器:PT02、PL1、PL11、PL10、PL7、PL6、PL5、PL4、PT3。

(2)用户 1:B→X→Y→N→M→稳压罐 T4,途径的重要仪器有:阀门:VL21、VL14、VT44、VT42、VT41,流量计:QT4,压力传感器:PL3、PT4。

(3)用户 2:C→稳压罐 T2,途径重要仪器有:阀门:VT24、VT22、VT21,流量计:QT2,压力传感器:PL10、PT2。

(4)用户 3:E→稳压罐 T6,途径的重要仪器有:阀门:VT64、VT62、VT61,流量计:QT6,压力传感器:PL6、PT6。

(5)用户 4:F→稳压罐 T5,途径的重要仪器有:阀门:VT54、VT52、VT51,流量计:QT5,压力传感器:PL5、PT5。

4.4.3　实验原理

(1)计算流量与途泄流量、转输流量之间的关系

城市天然气分配管网的各条管段根据连接用户的情况,可分为 3 种:

①管段沿途不输出气体,用户连接在管段的末端,这种管段的气体流量是个常数,所以其计算流量就等于转输流量。

②分配管网的管段与大量居民用户、小型公共建筑用户连接。这种管段的主要特征是:由管段始端进入的天然气在途中全部供给各处用户,这种管段只有途泄流量。

③最常见的分配管段的供气情况是:流经管段送至末端不变的流量为转输流量,在管段沿程输出的燃气流量为途泄流量。该管段上既有转输流量,又有途泄流量。

所以,城市天然气分配管道,一般情况下是不等流量复杂输气管道,即管道中各截面上

的气体流量不相等。故应将其转化成通过能力相当的简单管,使气体流过简单管的压力降与流过复杂管的压力降相等,这条简单管的流量就是复杂管的计算流量。通常按照式(4-14)计算:

$$Q = \alpha Q_1 + Q_2 \qquad (4-14)$$

式中 Q——计算流量,m^3/h;

Q_1——途泄流量,m^3/h;

Q_2——转输流量,m^3/h;

α——与途泄流量和转输流量之比,沿途支管数有关的系数。

从理论上讲,按照高、中压压降公式:

$$\alpha = \frac{\sqrt{1 - x + \frac{2n+1}{6n}x^2} - (1-x)}{x} \qquad (4-15)$$

式中 x——途泄流量 Q_1 与总流量 Q_N(即 $Q_1 + Q_2$)的比值,$0 \leqslant x \leqslant 1$;

n——途泄点数,即支管数。

所以,取不同的 n 和 x 时,所得 α 值是不一样的。对于天然气分配管道,一条管段上的分支管数 n 一般不小于 $5 \sim 10$ 个,x 值在 $0.3 \sim 1$ 的范围内,此时系数 α 在 $0.5 \sim 0.6$ 之间,故取其平均值 $\alpha = 0.55$。

4.4.4 实验步骤

(1)实验时先启动压缩机:打开冷却水,压缩机通电开机,待压缩机启动后,慢慢打开压缩机的进气阀。

(2)打开主干线上阀门:VT02、VT04、VT06、VL2、VL20、VT34、VT32、VT31,再分别打开用户 2、用户 4 的阀门。

(3)调节起点供气压力为 150kPa,再分别调节稳压罐 T2、T5 的出口阀,保持罐内压力为 100kPa。稳定后读取流量、压力数据。

(4)保持起点压力不变,打开用户 1 的阀门,调节出口阀,保持罐内压力为 100kPa。稳定后读取流量、压力数据。

(5)保持起点压力不变,先关闭用户 1 的出口阀,再打开用户 3 的阀门,调节出口阀,保持罐内压力为 100kPa。稳定后读取流量、压力数据。

(6)保持起点压力不变,再次打开用户 1 的出口阀,调节出口阀,保持罐内压力为 100kPa。稳定后读取流量、压力数据。

(7)改变供气起点的压力,重复做几组实验,记录数据。

(8)实验完毕,关闭压缩机进气阀,切断电源,然后关闭冷却水,最后关闭所有阀门。

4.4.5 实验报告要求

(1)将实验数据整理列表进行比较。

(2)写出途泄流量,输转流量的具体含义,运用给定的方法计算天然气分配管道的计算流量。

(3)验证途泄流量、输转流量与计算流量之间的关系,求出系数值。

(4)从理论上计算系数的值,与实验测得值进行比较,分析实验存在的误差的大小和产生的原因。

4.4.6　实验预习要求

（1）了解实验目的，原理和实验内容。

（2）对照实验流程图与实验装置，弄清楚管线的走向，压力传感器、流量计、阀门以及调压器等重要设备的位置和编号。

（3）了解实验操作注意事项。

（4）弄清楚需要记录及计算的数据有哪些？

附　录

附录一　LVDV-III+型流变仪使用说明

LVDV-III+型流变仪是博力飞 Brookfield 公司流变仪系列中的实验室仪器，为同轴圆筒旋转流变仪，内筒旋转外筒固定。

所显示的数值会因所选择的计算单位(CGS 或 SI)而异。

(1)黏度：可以显示为 cP 值或 mPa·s 值；

(2)扭矩：以最大弹簧扭矩的百分比表示；

(3)剪切应力：单位为 dyn/cm^2 或 N/m^2；

(4)剪切率：s^{-1}。

一、控制面板介绍

(1)MOTOR ON/OFF/ESCAPE：开关电机，或取消当前操作，返回上次界面。

(2)AUTO RANGE：显示当前转子/转速组合下，当扭矩为100%满量程时得可测量的黏度最大值。

(3)SELECT SPINDLE：配合数字键来设定转子编号。

(4)SELECT DISPLAY：选择所需显示的参数：扭矩百分数(%)，黏度(cP 或 mPa·s)，剪切应力 SS(dyn/cm^2 或 N/m^2)，剪切率 SR(s^{-1})。

(5)OPTION/TAB

OPTION：开启选项菜单。

TAB：在可选参数之间切换。

(6)PRINT：设置打印模式，在选项菜单中选择打印或不打印模式。

(7)PROG：进入编程菜单可以生成、运行或删除程序，并可以浏览或修改已保存的程序。

(8)PROGRUN：执行 DV-III 速度/时间程序。

(9)数字键(0~9)：设定速度、选择对话框和选项菜单的项目。

(10)ENTER：确认键，与电脑的 ENTER 键功能相似。

二、操作说明

1. 自动校零

打开流变仪底座后面的电源开关，然后显示屏出现附图1-1的信息。

几秒钟以后，屏幕会显示"REMOVE SPINDLE, LEVEL RHEOMETER AND PRESS THE MOTOR ON/OFF KEY TO AUTOZERO"，即取下装在机子上的转子，然后调节水平，按 MOTOR ON/OFF 键进行自动校零。在进行自动校零前，Brookfield 建议先让仪器预热10min。

```
BROOKFIELD
DV - III + RHEOMETER
V0. 0LV
STANDALONE
```

附图 1 - 1

屏幕闪烁大约 15 s 后，显示为"AUTOZERO IS COMPLETE REPLACE SPINDLE AND PRESS ANY KEY"，此时按任意键，主显示屏会出现默认信息，仪器处于待机使用状态，如附图 1 - 2 所示。

```
RPM：0. 0 SPINDLE：31
TEMP：22. 1℃      PRIN

TORQUE = 0. 0%
```

附图 1 - 2

2. 选择转速

直接按数字键设定转速，然后按 ENTER 键确认。

例如转速设定为 11r/min（即图中的 RPM），这时屏幕显示如附图 1 - 3 所示。

```
RPM：0. 0 SPINDLE：31
TEMP：22. 1℃   PRIN
ENTER NEW RPM：11_
TORQUE = 0. 0%
```

附图 1 - 3

3. 超出测量范围的几种情况

当超出 DV - III + 的测量范围时，屏幕会有显示，以下是几种情况：

（1）当扭矩超过 100%，百分数读数、黏度和剪切率读数均显示为 EEEE，如附图 1 - 4 所示。

```
RPM：112 SPINDLE：31
TEMP：22. 1℃   PRIN

TORQUE = EEEE%
```

附图 1 - 4

（2）如果选择的转速使扭矩值低于 10.0%，扭矩（%）、黏度（cP）、剪切应力（SS）的单位就会闪动。此时，需要改变转速或转子使扭矩读数在 10% ~ 100% 之间。

（3）当扭矩低于0%时，黏度或剪切应力的值显示为4个横线（ － － － － ）。

4. 黏度测量

（1）安装流变仪，调节机身顶部的水平气泡在黑色圆圈中。

（2）仪器自动校零。

（3）将转子浸入样品中至转子杆上的凹槽刻痕处。用左手螺旋线方向将转子连接 DV－III＋流变仪上，避免有横向冲击使宝石轴承和转针损坏。

（4）用"SELECT SPINDLE"键和数字键输入转子编号。

（5）按数字键和 ENTER 键输入转速。转子和转速组合的选择原则：使扭矩百分数在10％～100％范围内。对于黏度大的样品，使用面积小的转子和较低的转速；对于黏度小的样品，情况相反。对于非牛顿流体，转速/转子的改变会导致黏度读数的变化。另外，在读数前，应隔一段时间让读数稳定下来，时间的长短取决于不同的流体性质。

（6）测量开始后，等读数稳定下来，可以记录扭矩、黏度值、剪切应力或剪切率。

（7）每当换转子或样品时，要按" MOTOR ON/OFF/ESCAPE"键使电机关闭。测量完毕取下转子，然后清洗干净，放回装转子的盒中。

附录二　燃气物性表

附表2-1　相对湿度表(校正湿式流量计时使用)

干球温度/℃	干湿球温差/℃																		
	0.0	0.5	1.0	1.5	2.0	2.5	3.0	3.5	4.0	4.5	5.0	5.5	6.0	6.5	7.0	7.5	8.0	8.5	9.0
16	100	95	90	85	81	76	71	67	63	58	54	50	46	42	38	34	30	26	23
17	100	95	90	86	81	76	72	68	64	60	55	51	47	43	40	36	32	28	25
18	100	95	91	86	82	77	73	69	65	61	57	53	49	45	41	38	34	30	27
19	100	95	91	87	82	78	74	70	65	62	58	54	50	46	43	39	36	32	29
20	100	96	91	87	83	78	74	70	66	63	59	55	51	48	44	41	37	34	31
21	100	96	91	87	83	79	75	71	67	64	60	56	53	49	46	42	39	36	32
22	100	96	92	87	83	80	76	72	68	64	61	57	54	50	47	44	40	37	34
23	100	96	92	88	84	80	76	72	69	65	62	58	55	52	48	45	42	39	36
24	100	96	92	88	84	80	77	73	69	66	62	59	56	53	49	46	43	40	37
25	100	96	92	88	84	81	77	74	70	67	63	60	57	54	50	47	44	41	39
26	100	96	92	88	85	81	78	74	71	67	64	61	58	54	51	49	46	43	40
27	100	96	92	89	85	82	78	75	71	68	65	62	58	56	52	50	47	45	41
28	100	96	93	89	85	82	78	75	72	69	65	62	59	56	53	51	48	45	42
29	100	96	93	89	86	82	79	76	72	69	66	63	60	57	54	52	49	46	43
30	100	96	93	89	86	83	79	76	73	70	67	64	61	58	55	52	50	47	44
31	100	96	93	90	86	83	80	77	73	70	67	64	61	59	56	53	51	48	45
32	100	96	93	90	86	83	80	77	74	71	68	65	62	60	57	54	51	49	46
33	100	97	93	90	87	83	80	77	74	71	68	66	63	60	57	55	52	50	47
34	100	97	93	90	87	84	81	78	75	72	69	66	63	61	58	56	53	51	48
35	100	97	94	90	87	84	81	78	75	72	69	67	64	61	59	56	54	51	49
36	100	97	94	90	87	84	81	78	75	73	70	67	64	62	59	57	54	52	50
37	100	97	94	91	87	84	82	79	76	73	70	68	65	63	60	58	55	53	51
38	100	97	94	91	88	84	82	79	76	74	71	68	66	63	61	58	56	54	51
39	100	97	94	91	88	85	82	79	77	74	71	69	66	64	61	59	57	54	52
40	100	97	94	91	88	85	82	80	77	74	72	69	67	64	62	59	57	54	53

附表 2－2　饱和蒸气压 p_s　　　　　　　　　　　　Pa

温度/℃	0.0	0.1	0.2	0.3	0.4	0.5	0.6	0.7	0.8	0.9
0	611	616	620	625	629	634	638	643	648	652
1	657	662	667	671	676	681	686	691	696	701
2	706	711	716	721	726	732	737	742	747	753
3	758	763	769	774	780	785	791	797	802	808
4	814	819	825	831	837	843	848	854	860	866
5	873	879	885	891	897	903	910	916	922	929
6	935	942	948	955	961	963	975	982	988	995
7	1002	1009	1016	1023	1030	1037	1044	1051	1058	1066
8	1073	1089	1088	1095	1102	1110	1117	1125	1133	1141
9	1148	1156	1164	1172	1180	1187	1195	1204	1212	1220
10	1228	1236	1245	1253	1261	1270	1278	1287	1295	1304
11	1313	1321	1330	1339	1348	1357	1367	1375	1384	1393
12	1403	1412	1421	1431	1440	1449	1459	1469	1478	1488
13	1498	1508	1517	1527	1537	1547	1558	1568	1578	1588
14	1599	1609	1619	1630	1641	1651	1662	1673	1684	1694
15	1705	1716	1727	1739	1750	1761	1772	1784	1795	1807
16	1818	1830	1842	1853	1865	1877	1889	1901	1913	1926
17	1938	1950	1963	1975	1988	2000	2013	2026	2038	2051
18	2064	2077	2090	2103	2117	2130	2143	2157	2170	2184
19	2198	2211	2225	2239	2253	2267	2281	2295	2310	2324
20	2339	2353	2368	2382	2397	2412	2427	2442	2457	2472
21	2487	2503	2518	2534	2549	2565	2581	2596	2612	2628
22	2644	2660	2677	2693	2710	2726	2743	2760	2776	2793
23	2810	2827	2844	2862	2879	2896	2914	2931	2949	2968
24	2985	3003	3021	3039	3057	3076	3094	3113	3131	3150
25	3169	3188	3207	3226	3245	3264	3284	3303	3323	3343
26	3363	3383	3403.	3423	3443	3463	3484	3504	3525	3546
27	3567	3588	3609	3630	3651	3673	3694	3716	3738	3760
28	3782	3804	3826	3848	3871	3893	3916	3939	3961	3984
29	4008	4031	4054	4078	4101	4125	4149	4173	4197	4221

温度/℃	0.0	0.1	0.2	0.3	0.4	0.5	0.6	0.7	0.8	0.9
30	4245	4270	4294	4319	4344	4369	4394	4419	4444	4470
31	4495	4521	4547	4572	4599	4625	4651	4677	4704	4731
32	4758	4785	4812	4839	4366	4894	4921	4949	4977	5005
33	5033	5062	5090	5119	5147	5176	5205	5234	5264	5293
34	5323	5352	5382	5412	5442	5473	5503	5534	5565	5595
35	5627	5658	5689	5721	5752	5784	5816	5848	5830	5913
36	5945	5978	6011	6044	6077	6110	6144	6177	6211	6245
37	6279	6314	6348	6383	6418	6452	6488	6523	6558	6594
38	6630	6666	6702	6738	6774	6311	6848	6885	6922	6959
39	6997	7034	7072	7110	7148	7187	7225	7264	7303	7342
40	7381	7420	7460	7500	7540	7580	7621	7661	7702	7743

附录三 长距离输油管道仿真系统介绍及操作说明

一、仿真系统简介

目前，SCADA 系统一般由设在管道控制中心的小型计算机或服务器通过数据传输系统对设在泵站、计量站或远控阀室的可编程序控制器 PLC 定期进行查询，连续采集各站的操作数据和状态信息，并向 PLC 发出操作和调整设定值的指令。这样，中心计算机对整个管道系统进行统一监视、控制和调度管理。各站控系统的核心是可编程序控制器 PLC。它们与现场传感器、变送器和执行器或泵机组、加热炉的工业控制计算机等连接，具有扫描、信息预处理及监控等功能，并能在与中心计算机的通信一旦中断时独立工作，站上可以做到无人值守。SCADA 系统是一种可靠性高的分布式计算机控制系统。

二、系统操作说明及可实现的功能

(1)进入长输管道仿真培训系统

从开始的程序中进入 VC 环境，会出现如附图 3 - 1 所示对话框，点击开始仿真即可进入系统界面。

附图 3 - 1 初始对话框

系统界面如附图 3 - 2 所示。界面中会有系统简介以及大庆至铁岭原油管道各站的站点图。

(2)系统功能

点击附图 3 - 2 中站点图中各站点名称，即可进入该站查看站内情况，并进行相应的查看与操作(如站内阀室、站内工艺流程、泵房工况、压力与流量情况等)，也可以查看全线的水力坡降，生成全线的生产报表等，如附图 3 - 3 ~ 附图 3 - 7 所示。

附图 3-2　系统界面

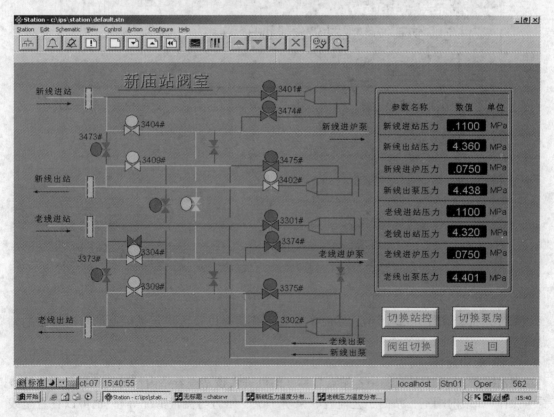

附图 3-3　阀组控制

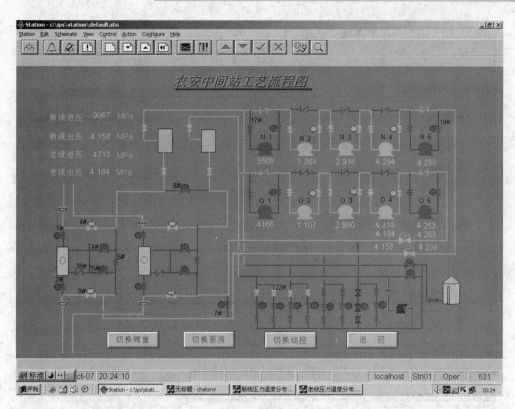

附图 3-4　工艺流程

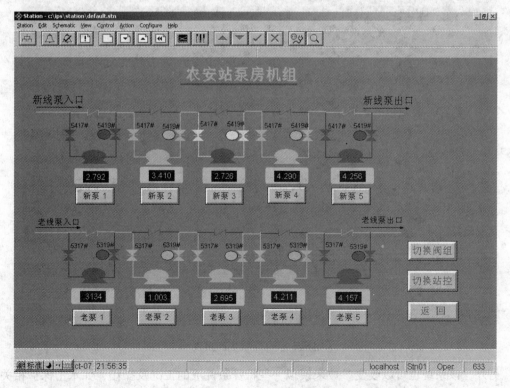

附图 3-5　泵房工况

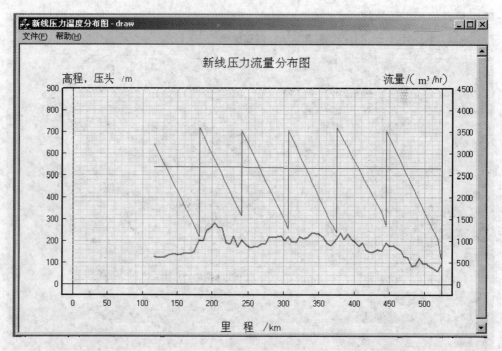

附图 3-6 全线水力坡降

附图 3-7 全线生产报表

　　另外，该系统也可以改变参数来模拟一些特殊条件下的工况及操作，如水击保护相关参数、切换阀室、启停泵等，如附图 3-8~附图 3-12 所示。

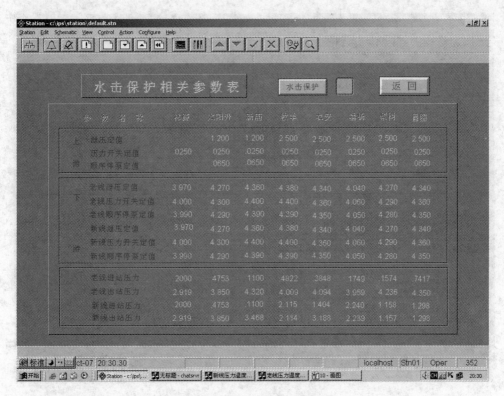

附图 3 - 8　水击保护相关参数

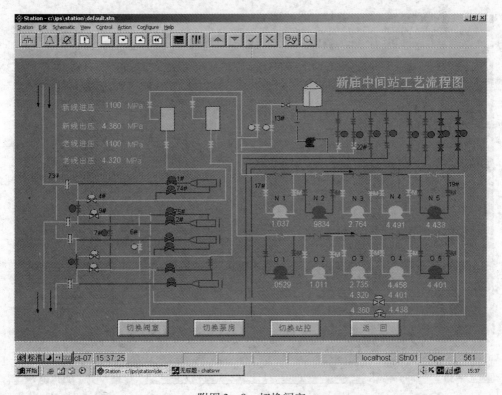

附图 3 - 9　切换阀室

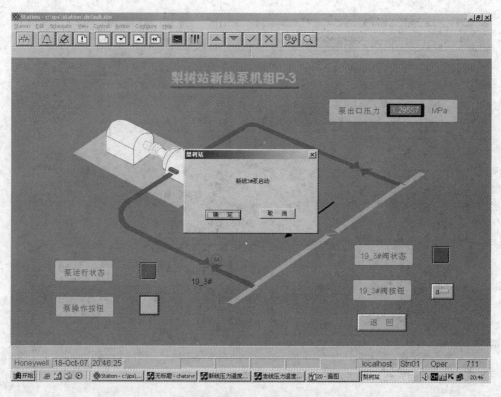

附图 3 – 10　启停泵

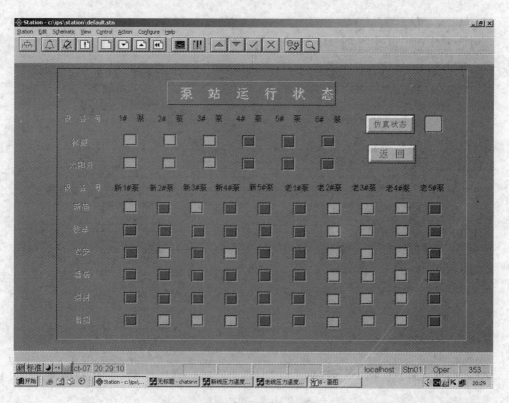

附图 3 – 11　查看泵站运行状态

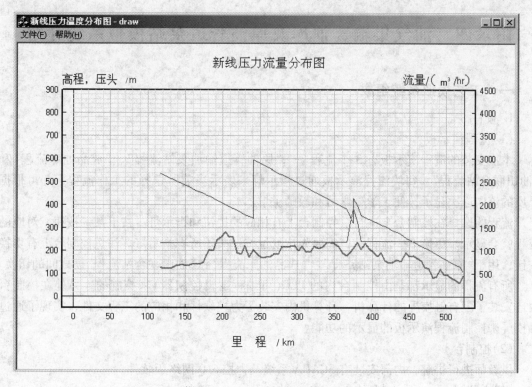

附图 3 – 12　查看越站时水力坡降

附录四　油气集输、油库及原油管道泵站模拟系统介绍

一、工艺模拟系统组成

1. 硬件

（1）流程演示板

本次安装的流程演示板有 3 个流程——"原油管道输油泵站流程"、"成品油库流程"和"油田联合站流程"。每块流程演示板通过指示灯来表示当前所选择的工作流程，并可根据介质的流向逐次显示，便于学生学习和教师讲解。

流程的选择在控制台上进行。控制台上有相应的按钮和指示灯。按下某一按钮，对应的流程就会显示。更换下一流程前，需要先按复位按钮关闭所有指示灯。注意控制台上有切换按钮，用于"原油管道输油泵站路程"、"成品油库流程"和"油田联合站流程"模式间的切换。

所有流程的显示都是由控制台内的 PLC（可编程逻辑控制器）来控制的。另外在控制台内还安装了配有触摸屏的计算机，计算机内安装了力控软件和相应的工程文件，实现了通过触摸屏来控制流程演示板的显示的功能。

（2）控制台

供教师进行讲解，内部安装有 SCADA 系统及力控 6.0 网络版软件。

（3）单机

供学生进行操作，内部安装了 SCADA 系统及力控 6.0 教学版软件。

（4）投影仪

将控制台内计算机上的内容显示出来，便于教师讲解。

2. 软件

力控 6.0 为一种通用的工业组态软件，大量应用于工业自动化系统。本系统的"原油管道输油泵站流程演示"和"油库仿真教学系统"是在力控软件平台上开发的。其中"油库仿真教学系统"不仅可以演示油库的工作流程，还可以较完整和真实地模拟油库的主要工作流程，使学生对油库的主要工作内容有比较清晰的认识。

本次安装的力控 6.0 软件分为 2 个版本：网络版和教学版。网络版安装在控制台内的计算机上，教学版安装在其他计算机上。网络版的主要功能是可以作为服务器工作，其他相连的计算机可通过浏览器来访问，可以配合流程演示板使用。教学版也具有开发和运行的功能。

二、操作说明

1. 原油管道输油泵站流程操作说明

原油管道输油泵站流程模拟了典型的原油输送中间热泵站的 7 个工艺流程：

（1）正输流程：上游站来油进站，经换热器、泵、调节阀去下游站。附图 4-1 所示即为正输流程界面，阀门显示为红色的表示阀门关闭，绿色则为开启，绿色的管道表示有原油流过。通过调节泵转速或阀门的开度，可改变进出站压力、温度等参数。

（2）反输流程：下游站来油进站，经反输线到换热器，经泵、调节阀去上游站，如附

图4-2所示。与正输流程相同，阀门显示为红色的表示阀门关闭，绿色则为开启，绿色的管道表示有原油流过。通过调节泵转速或阀门的开度，可改变进出站压力、温度等参数。

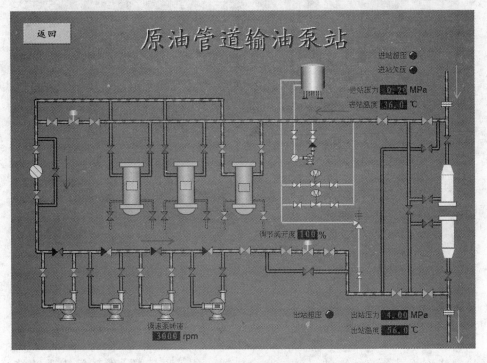

附图4-1 正输流程界面

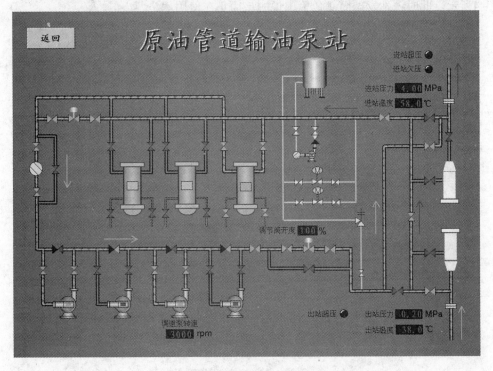

附图4-2 反输流程界面

（3）收球流程：上游站来油进站，经收球筒到换热器，经泵、调节阀去下游站，如附图4-3所示，此时收球筒颜色为黑说明该筒正在使用。

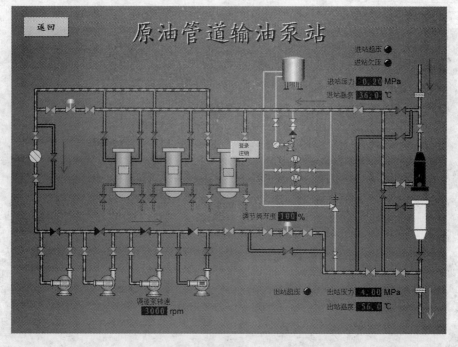

附图4-3　收球流程界面

（4）发球流程：上游站来油进站，经换热器、泵、调节阀、发球筒去下游站，如附图4-4所示。此时该站发球筒颜色为黑说明该筒正在使用。

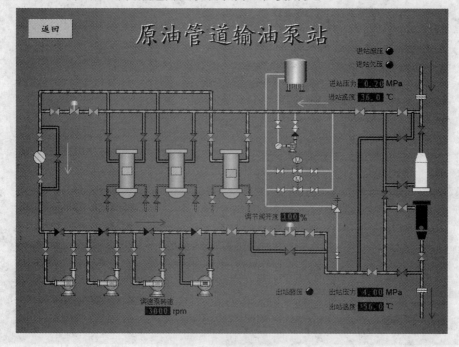

附图4-4 发球流程界面

(5)热力越站流程：上游站来油进站，泵、调节阀去下游站，如附图4-5所示，该流程原油不经过换热器，只经过泵。

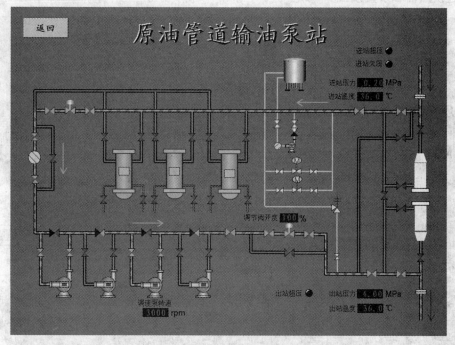

附图4-5　热力越站流程界面

(6)压力越站流程：上游站来油进站，经换热器、调节阀去下游站，如附图4-6所示，该流程原油经过换热器，但不经过泵。

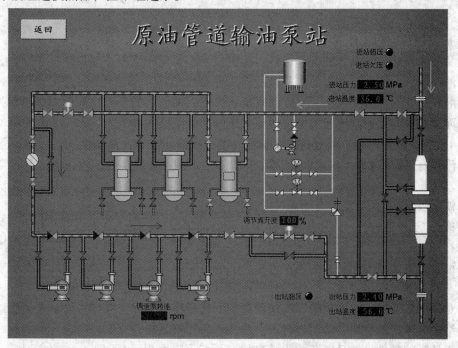

附图4-6　压力越站流程

（7）全越站流程：上游站来油进站，经越站线去下游站，如附图4-6所示，该流程原油不经过换热器和泵直接去下一站。

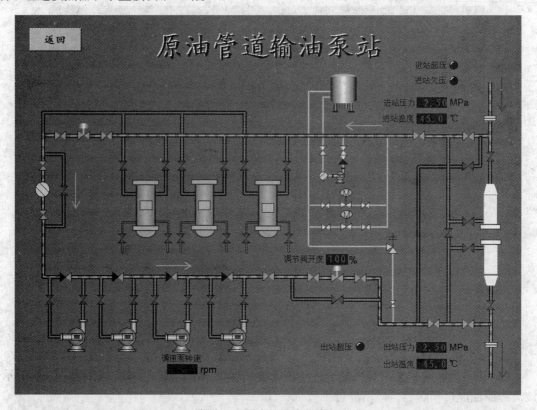

附图4-7　全越站流程界面

2. 成品油库流程操作说明

成品油库流程教学系统的流程板是实验模拟油库的生产流程，主要分6个作业区：①铁路收发油作业区；②水路收发油作业区；③油库泵机组；④储油罐；⑤汽车发油作业区；⑥油桶灌装作业区。涉及铁路、水路收发油，汽车发油，装桶及倒罐等21个生产流程。

下面以其中几个典型流程为例说明该系统的功能及操作方法。

（1）铁路收发油流程：通过铁路槽车对外进行批量的油品收发作业。

本流程有铁路收95#汽油、90#汽油、0#柴油，铁路发95#汽油、90#汽油、0#柴油，共6个流程。

以铁路收95#汽油为例，介绍系统的操作步骤：

①检查"当前库存"，确定来油储存至合适的油罐中，关闭该页面。

②打开"来油信息"，需确定来油的品种、槽车数等，如附图4-8所示，选定油品和车数后即可查看来油基本信息，如来车容积、油温、密度、质量等，同时还可以查看来油的详细信息。点击确定即可进入下一步"来油化验"操作界面，如附图4-9所示。

③对该成品油进行模拟化验，需选择正确的化验项目并提交选择，再输入化验结果，如果化验结果显示产品合格，即可进行下一步操作，否则不能。

由于是学习软件，油品需要的化验参数在页面下方有提示（附图4-9中标出），可根据提示进行选择，还可点击后面的问号学习该参数的相关知识。

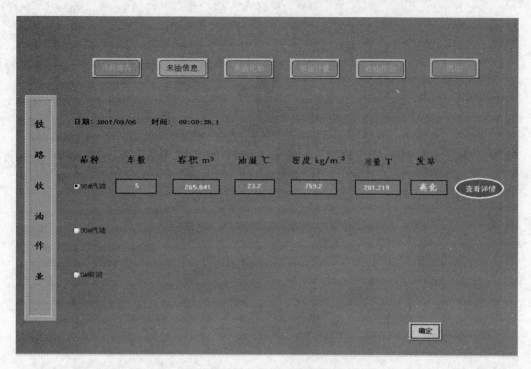

附图4-8 查看铁路来油信息

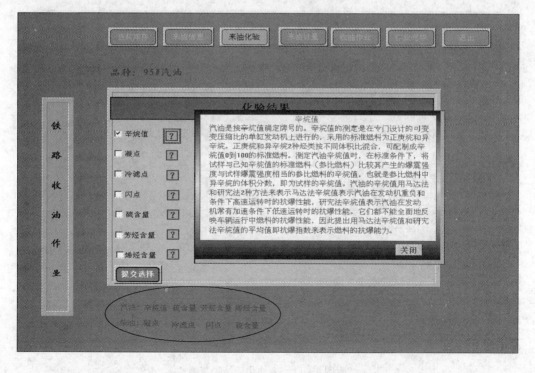

附图4-9 来油化验选择化验项目

如果不清楚化验结果要求，可点击"国标"键进行化验项目标准查询（附图4-10），输入标准范围内的数值，并点击"察看该油品是否合格"键，就弹出如附图4-11所示对话框，点击"是"即可进入下一步操作——"来油计量"。

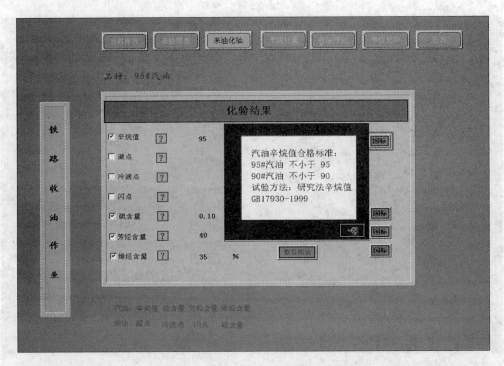

附图 4 – 10　来油化验项目国标查询

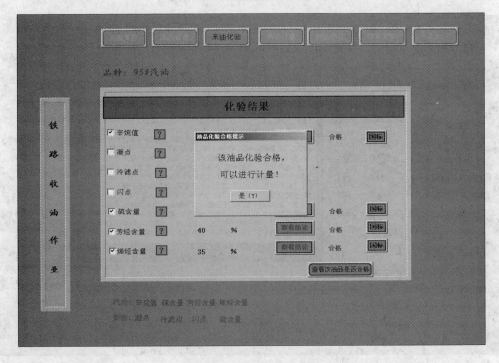

附图 4 – 11　来油化验结果查看

④如附图 4 – 12 所示，对来油进行计量，输入"实测油高"值，在损耗许可范围内方可卸车。需要注意的是，由于油库中对于损耗控制要求很高，即损耗范围很小，因此在填写实测油高时不能与原油高相差太大，否则不能进行下一步操作。

附图 4 – 12　来油计量

⑤收油作业，针对不同油品，选择对应的输油泵，如选择自动流程，相应流程将自动导通。如果选择手动流程，请先点击打开需要开通的阀门，全部阀门打开后，流程导通。如附图 4 – 13 所示为自动导通界面。如果是手动导通，还可以模拟事故工况进行泵切换操作。

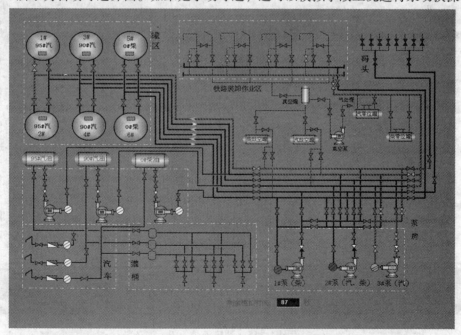

附图 4 – 13　收油作业流程自动导通

此时，用鼠标点击"铁路装卸区"可观察到槽车液位下降，点击"罐区"可观察油罐进油，液位升高。如附图 4 – 14、附图 4 – 15 所示。

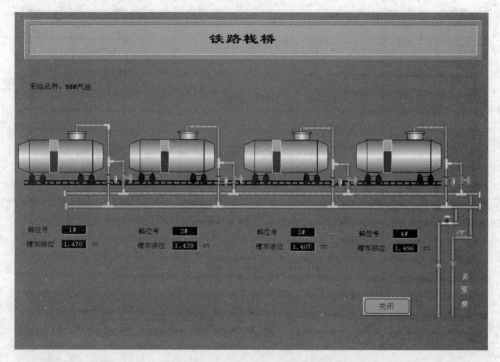

附图4-14 铁路罐车液位下降

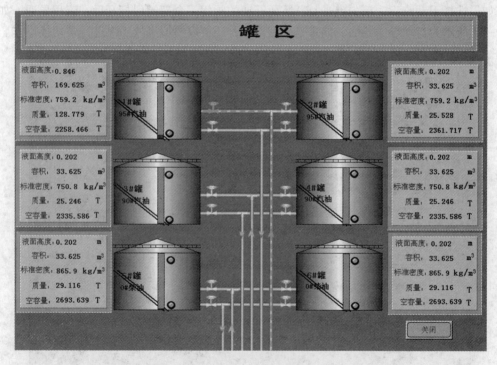

附图4-15 油罐液位上升

（2）汽车发油流程：通过汽车槽车对外进行小批量或零散的发油作业。

汽车发油流程包括汽车发95#汽油、90#汽油、0#柴油共3个流程。本实验中汽车发油流程设计为输油泵先将油罐中的油打至相应油品的高架罐中，然后运用高架罐自流装车。

以汽车发95#汽油为例，说明说明该系统的功能及操作方法。

①检查库存，如附图4－16所示，需更改液位，否则库内无油可发出，然后点击"关闭"。

罐号	品种	液位 m	容积 m³	油温 ℃	密度 kg/m³	质量 T	空容量 T
1#罐	95#汽油	1.452	299.972	23.2	759.2	227.739	2159.506
2#罐	95#汽油	0.202	34.055	23.1	759.2	25.855	2361.391
3#罐	90#汽油	0.202	34.055	23.2	750.8	25.568	2335.264
4#罐	90#汽油	0.202	34.055	23.1	750.8	25.568	2335.264
5#罐	0#柴油	0.202	34.055	23.5	865.9	29.488	2693.267
6#罐	0#柴油	0.202	34.055	23.4	865.9	29.488	2693.267

附图4－16 查看油品库存

②办理购油手续，选择油品种类、购油数量和此次提油质量，如附图4－17所示。

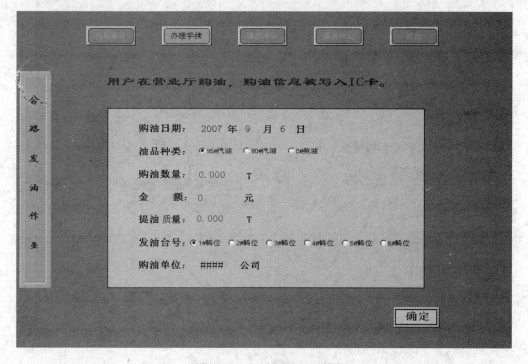

附图4－17 办理购油手续

③灌装准备，附图4-18中列出了几项准备工作，这些都是在实际操作时需要特别注意的安全事项，全部合格后（点击文字后面的蓝色对话框即可，如附图4-19所示），点击"确定"即可进入下一步操作。

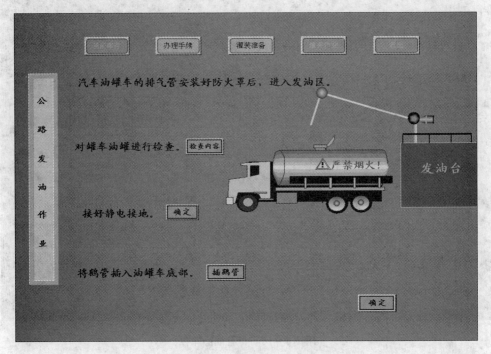

附图4-18　灌装准备工作要求

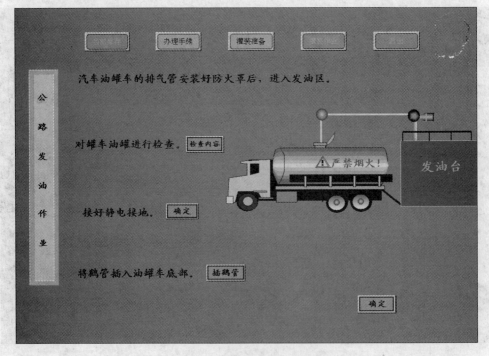

附图4-19　灌装准备工作完毕

④灌装作业，如附图 4-20 所示选择发油罐号，点击"开始付油"，即可开始灌装作业。此时可以看到鹤管内已有油品流出，流量计开始计量。

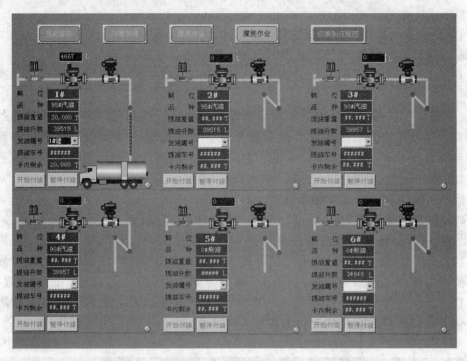

附图 4-20 灌装作业

点击"切换到流程图"，即可查看灌装作业流程图，如附图 4-21 所示。

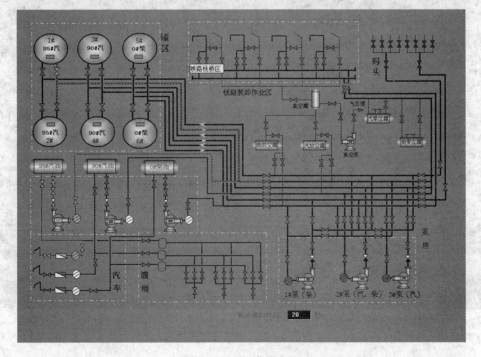

附图 4-21 灌装流程

（3）灌桶流程：散装油品灌装发油作业。

该系统设计有 95# 汽油灌桶、90# 汽油灌桶、0# 柴油灌桶，共 3 个流程。操作说明省略。

（4）水路收发油流程：通过油轮对外进行批量的油品收发作业。

该系统设计有水路收 95# 汽油、90# 汽油、0# 柴油，水路发 95# 汽油、90# 汽油、0# 柴油，共 6 个流程。水路发油采用自流装船，收油时油舱中的潜液泵提供动力。操作说明省略。

（5）倒罐流程：通过油泵将某个油品储罐内的油品转移到另一个储存该油品的储罐内。它是储存过程中为满足实际存储容量要求、事故或减小蒸发损耗等采用的流程作业。该系统设计了 1#、2# 罐，3#、4# 罐，5#、6# 罐，两两之间进行倒罐共 6 种流程。操作步骤如下：

①检查当前库存，确定倒罐条件。

②确定倒罐方案，如附图 4 - 12 所示。可以选择"自动倒空"或"手动倒罐"。若选择"自动倒空"即会将该油罐内油品全部倒入其对应油罐内；若选择手动倒空，则需选择油罐状态是"出（油）"或"入（油）"，并输入具体的倒罐质量（注意输入的倒罐质量不应超出储罐内所储存油品的质量），点击"确定方案"，即可导通流程，进行倒罐作业，系统将自动显示流程界面，如附图 4 - 23 所示，点击流程图上罐区，即可查看罐区罐液位变化及油品数量的变化情况，如附图 4 - 24 所示。

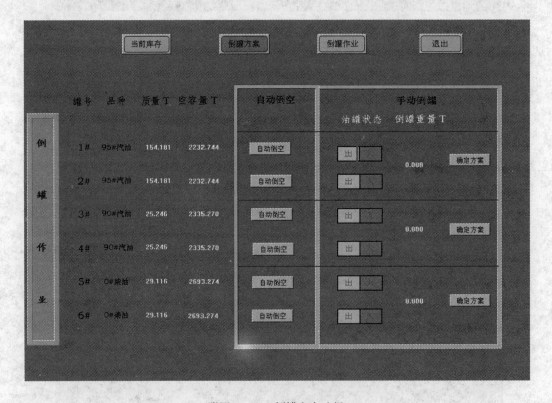

附图 4 - 22　倒罐方案选择

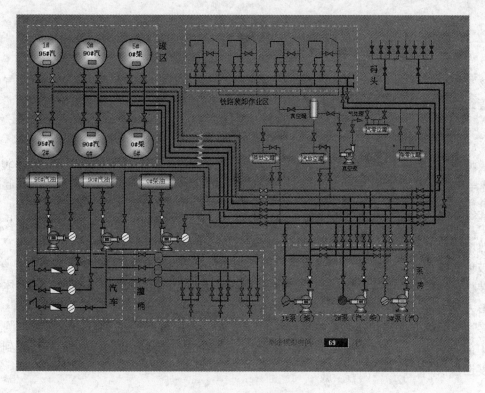

附图4-23　倒罐流程

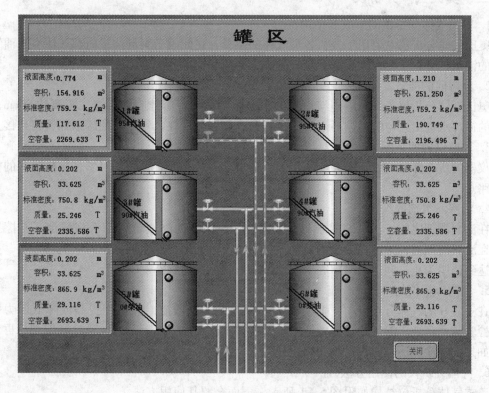

附图4-24　罐区液位变化情况

附录五　小呼吸蒸发损耗实验装置使用说明

该小呼吸蒸发损耗实验装置主要由模型油罐、奥氏气体分析仪、水浴、太阳灯、气体流量计等组成。下面分别简要介绍各装置的技术参数及使用方法。

一、模型油罐

模型油罐为全不锈钢制作，用于盛放是实验用的油品，油罐直径600mm，高度650mm，体积 $V=172$L 左右，配有上、中、下3个不同高度的取样口，取气口高度从罐底部算起，上部高度为570mm、中部高度为350mm、下部高度为130mm，取气口左右相距180mm。上、中、下、油品内4个测温点高度从低到高依次为70mm、130mm、350mm、570mm。各测点装有热电阻温度传感器，并配有多通道温度巡检仪自动测量温度。另设有液压呼吸阀、压力计和玻璃管液位计。取气口位置与气体空间中测温点位置相对应。

装样：实验时，将实验油品（汽油）从装样口装入，直到液位计的标记线，油品体积大约45L左右。

多通道温度巡检仪的连接：温度场探针装有4个不同位置的热电阻，分别用以测量下部、中部、上部气体空间和罐内油品的温度。探针从油罐上部穿出，并通过导线连接到多通道温度巡检仪。

二、奥氏气体分析仪

1. 奥氏气体分析仪的组成及结构

奥氏气体分析仪主要用于分析各种气体的组分，在此用于测量油罐内部气体空间油气混合气的油蒸气。它主要有吸收瓶、量气管、水准瓶和梳形分配管组成，以软胶管连接。

2. 分析前的准备工作

奥氏气体分析仪各部分应连接可靠，水准瓶与量气管用硅胶管连接，距离约80cm；量气管的循环水进出口与恒温循环水浴连接；奥氏气体分析仪取气口与油罐取样管路连接。

3. 玻璃仪器的装配

仪器的所有部位应该干净并使其干燥，各玻璃管接头处必须光滑对紧，减少过多的橡胶管通路。

4. 活塞润滑剂的涂抹

在涂润滑剂之前，活塞的塞子与套管均应以酒精、丙酮或苯仔细洗涤清洁，并擦拭干净。在涂润滑剂时，只需把少量润滑剂涂抹在塞子上下部，然后加入套管内旋转数次，直到活塞达到透明为止。润滑剂涂抹完毕应使旋塞阀处于关闭状态。

5. 气体分析仪的严密性检查

在安装好的气体分析仪中，把吸收液（煤油）装入吸收瓶，然后用提高或降低压力的方法来检验其严密性。漏气的话要把活塞重新用溶剂洗干净，然后干燥，重涂润滑剂，再行检查，如果反复涂抹还是漏气，则必须更换活塞。

6. 气体分析仪的使用方法

奥式气体分析仪结构如附图5-1所示，下面介绍其使用方法。

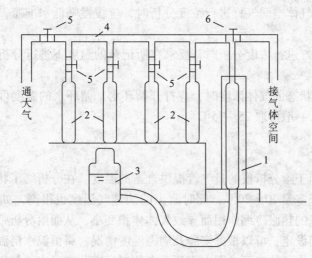

附图 5－1　奥式气体分析仪结构示意图

1—量气瓶；2—吸收瓶；3—封液瓶；4—梳形分配管；
5—两通玻璃旋塞阀；6—三通玻璃旋塞阀

准备：分析仪使用前应调节吸收瓶内的煤油界面位于标记线处，调节方法如下：关闭吸收瓶上方旋塞阀，打开与大气管相连的旋塞阀使量气管接通大气，然后提高水准瓶，使封液压入量气管，从而排走其内的气体。当量气管内液面上升到一定高度后，关闭该旋塞阀，打开吸收瓶上方旋塞阀，并缓慢下降封液瓶，随着量气管内封液的下降，煤油液面上升，调节封液瓶的位置，使煤油液面上升到标记线处，关闭其上方旋塞阀。

取样与冲洗：取样前应先观察量气瓶内是否有废气存在，如有应打开大气管的连接旋塞阀接通大气，提高封液瓶使量气管内废气排到大气中去。旋转三通旋塞阀使量气管与油罐连通，使气体空间与量气管相通，这时应缓慢降低封液瓶，取 100mL 试样后关闭三通旋塞阀。注意为使量气管内压力与大气压力相等，应将封液瓶内液面与量气管内液面取齐，并在量气管中液面保持稳定后再关闭三通旋塞阀。以上即是取气的方法，需要注意的是，每次分析前应取同样的气体进行装置的冲洗以减少测量误差。冲洗的方法是取气完毕后旋转三通旋塞阀与梳形管相通，并打开大气管的连接旋塞阀，用取出的 100mL 试样冲洗梳形分配管，冲洗完废气排入大气，冲洗完毕后关闭大气管连接旋塞阀。

分析：气样取好以后，先提高水准瓶，检查确认三通旋塞阀已关死后再打开吸收瓶上方旋塞阀，这样气体就压入吸收瓶与煤油接触。上下移动水准瓶数次（约 20～30 次）煤油就不断吸收混合气中的油蒸气，直到不吸收为止，所谓不吸收是指再将水准瓶上下移动，量气管内的液面不再变化，可以认为此时油蒸气吸收完全。否则，继续上下移动水准瓶直到液面不变化为止。然后将吸收瓶内的煤油调整到标记线上，读出量气管内剩余气体体积 V_2，在记录前最好稍等片刻，使封液全部从管壁流下，并将水准瓶内液面与量气管内液面取平，使量气管内压力与大气压力相等。

7. 操作注意事项

（1）在煤油吸收过程中，严格防止煤油和水进入梳形分配管，因此上下移动水准瓶时应缓慢；

（2）在测量分析前后气体体积时，应使煤油液面都在标记线处，同时应在同一个大气压下测量；

（3）在抽吸油罐气体空间气样进行浓度分析时，应缓慢降低水准瓶，并在液面稳定后进行读数；

（4）在打开太阳灯进行浓度分析时，要求在所记录的温度下进行分析，因此应较快地进行取样冲洗和分析；

（5）在分析终了状态的气体浓度时，应打开循环水，循环水的温度可以调整到假设的终了状态的某一数值，一般可取 25～35℃。

三、恒温水浴

恒温水浴主要用于给分析仪的量气管提供合适的温度。在分析终了状态时，气体空间的温度已经很高，高于室温 10～20℃，此时取出的油蒸气温度也很高，如果不将量气管的温度提高，由于混合气的热胀冷缩作用而导致气体体积变小，从而给分析带来较大的误差。

恒温水浴温度的设定：可以根据实验及周围温度情况，将恒温水浴温度调整到假设的终了状态的某一数值，终了状态可参照中间测温点的温度变化来确定。如实验开始时中间测温点的温度为 15℃，终了状态可取 25～35℃，一般一个实验过程 3h，中间测温点的温度变化约为十几度。

四、湿式气体流量计

湿式气体流量计用于计量油蒸气混合气，指针每转一周，气体流量为 2L，最小读数为 0.1L。

五、太阳灯

每个油罐配 4 个 275W 太阳灯，并配有调节装置可控制各个灯的开关和调节光的强度。

附录六 输气管和燃气管网装置介绍

一、输气管和燃气管网装置

输气管和燃气管网装置主体上它由 2 个环状管网、4 条泄漏管线、6 条环网连接管线、1 个缓冲罐、1 个气体调压器和若干阀门组成，主要包括以下设备：VW – 10/12.5 型压缩机、RTJ – GK 型燃气调压器、LWGQ 型气体涡轮流量传感器、温度传感器、MPM4730 型压阻式智能压力变送器、阀门（包括截止阀和闸阀）、过滤器、缓冲罐（装有安全放散阀）、钢管（DN 25）等。实验介质为空气，含杂质较少。

附图 6 – 1 为实验装置设备立体图，附图 6 – 2 为实验流程图。

二、数据采集系统

使用前先打开直流稳压电源和采集器，然后双击桌面上的"燃气管网实验"，选择所做的实验，即出现了程序界面——静态保存数据界面，上面显示了各传感器的数据；记录数据先点"file path"选择保存路径，然后点击"记录数据"保存数据；完成实验后，点击"Stop"退出程序。若需要按一定频率读取数据，则需打开动态保存数据界面，在"millisecond multiple"中输入所需的采集周期（单位是 ms），其他步骤与静态采集相同。

三、实验注意事项

（1）调压器调节压力时，因管路有一定的缓冲时间，因而操作要缓慢，等稳后再读数（大约 2 min 左右）。

（2）实验中未注明的压力均指相对压力。实验采集系统显示的读数，压力表示数是相对压力，单位是 kPa；流量计示数是实际流量，单位是 m^3/h。

（3）做动态实验（调压器动态特性）时，应切换动态采集界面。

（4）要使用支线上的流量计时，由于其量程较小，使用前应先打开旁通阀，待稳定后再打开流量计两旁的阀门，然后慢慢关闭旁通阀，若在此过程中出现超量程现象，应关小罐的出口阀。

（5）调节罐内压力时，由于要同时保持多个罐的压力为定值，所以这些罐应尽量同时调节，而且由于管路的延迟，调节时应大略接近而不应完全等于待调值，否则调节不准确。

（6）实验人员应穿着合适，不宜穿易脏衣服，操作时注意爱护仪器装置。

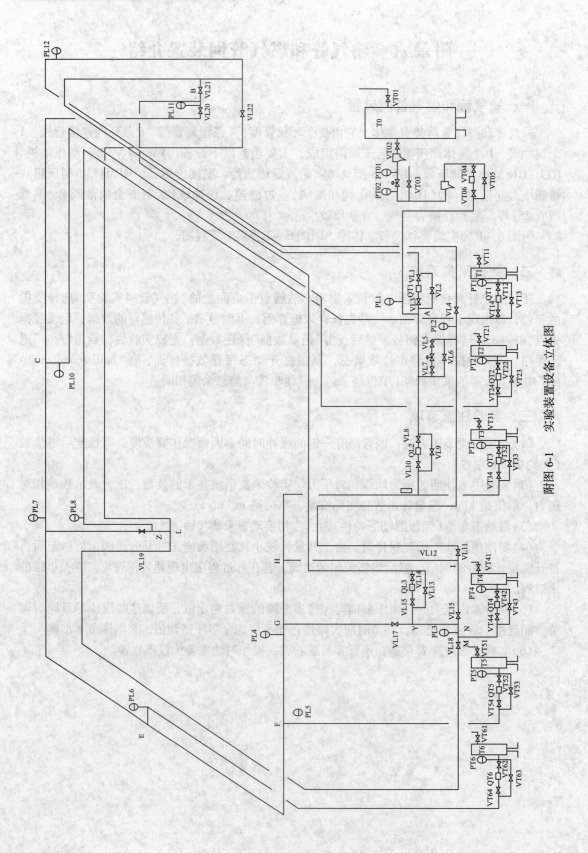

附图 6-1　实验装置设备立体图

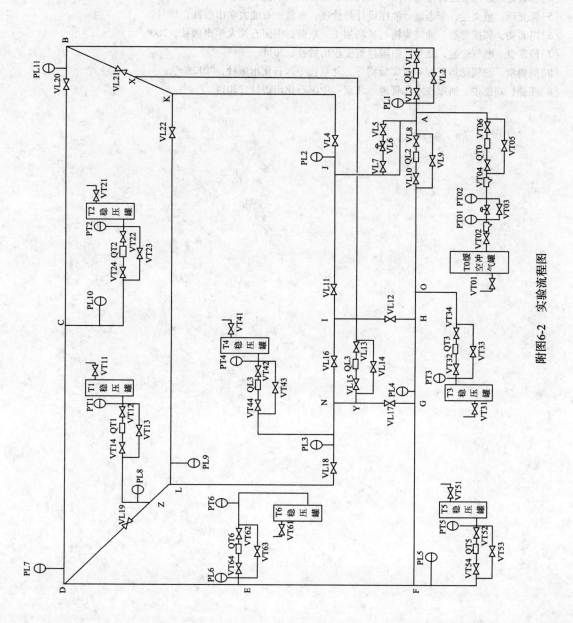

附图6-2 实验流程图

参考文献

[1]熊云．储运油料学．北京：中国石化出版社，2014.

[2]李传宪．原油流变学．东营：中国石油大学出版社，2006.

[3]寇杰，梁法春，陈靖．油气管道腐蚀与防护．北京：中国石化出版社，2008.

[4]杨筱蘅．输油管道设计与管理．东营：中国石油大学出版社，2006.

[5]郭光臣，董文兰，张志廉．油库设计与管理．东营：石油大学出版社，1994.

[6]冯叔初，郭揆常等．油气集输与矿场加工．东营：中国石油大学出版社，2006.

[7]段常贵．燃气输配．北京：中国建筑工业出版社，2011.

[8]周锡堂．油气储运工程专业实验指导．北京：中国石化出版社，2012.

[8]汪楠，刘德俊．油库技术与管理．北京：中国石化出版社，2014.